湖岸
Hu'an

［日］冈仓天心 ——

著

张唤民 ——

译

茶之书

The BOOK of TEA

一席茶里的大文章

北京联合出版公司
Beijing United Publishing Co.,Ltd.

代序 致中国读者

东京大学文学部教授 藤田一美

　　抛开日本文化有一个纯粹的传统这一观点，在谈论日本文化的时候，我们尤其不能忽视来自中国的影响。即便这些影响最终不是来自中国或朝鲜，例如，它们来自遥远的波斯，日本也是经由中国学到了许多东西。到了十六世纪，随着贸易的发展和基督教的传入，日本直接接触欧洲文明的机会逐渐增多了。除了汉学以外，日本又认识到西学的重要性。于是，在德川幕府的末年，日本启蒙思想家的代表人物西周（1829—1897）才会说出这样的话："余深感非学西学，今后不足以立身行路。"他还说："改善国际关系、改良推行诸般改革所需学问，国内竟茫然无知，汝等务必学一切之学。"结果，正如西周这颇有代表性的话所说的那样，日本的目光极其明显地转向了西方。

幕府末年以降，更多的启蒙思想家都把注意力转向了西洋的技术、制度、文学、哲学，乃至艺术。"和魂洋才"这句话正是当时的写照，这句话意味着日本在原则上并不主张废弃自己的文化传统。当时的西周视朱子之学为无以为用的空理，他为了追求西方的学问留学荷兰。在继承了己与日本文化传统血肉难分的儒教思想的背景之上，他又开始理解西方文明并发明创造象征着新知识的译语。特别值得注意的是，他受到宋学大家周敦颐（1017—1073）所著《太极图说》[1]第十章《志学》中的"圣希天，贤希圣，士希贤"一句话的启发，把 Φιλοσοφία，philosophy（love of wisdom）一词译为"希贤学"和"希哲学"，后来又进一步改译为"哲学"。关于"美学"一词的确定，也许西周是根据《论语》中《八佾》篇而创造了"善美学"这一译语，进而在强调日本传统的基础上提出了"美妙学"和"佳趣论"这些译语。"美学"一词是否为西周发明的，这一点尚待考察，但"美术"一词却是西周根据他的

1　应为《通书》。注：全书除标明的原注、译者注之外，皆为编者注。

译语"雅艺"（fine arts）改译而成的。把 liberal art 译为包含着浓厚的"技术"意味在内的"艺术"一词，因而与我们今天所沿用的"艺术"一词的意思极为相近的也是西周。

尽管看上去我们是被动地接受西方文化的，但其间存在着东西文化的对抗，即异化作用。我们可以在一个个与原语相异的译语中找到与异文化冲突的痕迹。也就是说，东方文化是在与西方文化激烈冲突的同时"融合"西方文化的。在此种意义上的"融合"——绝不同于"同化"——的基础之上，新文化的温床才逐渐形成了，也因此才有可能发动从内向外的逆方向文化运动。

《茶之书》[1]的作者冈仓天心（1863—1913）生于文久二年十二月廿六[2]，而同一年的九月十一日（1862年11月2日），西周、津田真道（1829—1908）等人从长崎出海，留学荷兰。当时，西周三十四岁。留学期间，西周等人在拉丁文大

1 　此书英文原名 "The Book of Tea"，日译本作"茶の本"，即"茶之书"。——译者注

2 　冈仓天心生于文久二年（壬戌年）十二月廿六，即西历1863年2月14日。以下涉及年龄的部分，以农历为准。

学教授西蒙·费亚林（Simon Vissering, 1818—1881）的指导下，努力接受以自然法、国际法、经济学、政治学等以所谓"实学"为主的百科全书式的学术体系。1873年，福泽谕吉（1835—1901）、津田和西周等人结成了"明六社"，以西学学者为主导，展开了启蒙运动。冈仓正是在幕府末年至明治初期之间展开的这场启蒙运动中，在频繁的国际交流中，在以此为基础才诞生了的近代日本新文化的气氛中，在美国人厄内斯特·费诺罗萨[1]的影响之下，才致力于日本乃至东方的美术再发现、再评价工作的。

日本文化史上首次出现冈仓天心的名字，是因为他可以说是用强制的手段将法隆寺梦殿的救世观音像公诸于世。当时，这尊观音像由于宗教上的理由被封藏起来。这一事件的正当与否另当别论，不可否认的是，它使"美术"或"艺术"自律的价值的可能性重新得到了确认。此后，冈仓愈加活跃。他发现了狩野芳崖（1828—1888）、桥本

1　厄内斯特·费诺罗萨（Ernest Francisco Fenollosa, 1853—1908），美国哲学家、美术研究者。1878年来到日本，在东京大学讲授哲学，同时从事日本美术研究。同弟子冈仓天心一起创立美术学校，协力复兴日本画。著有《东亚美术史》。

雅邦（1835－1908）等被埋没的日本画家，他还以京都、奈良等地为中心，对日本的古代美术进行了精心的调查研究。在创建于1889年的东京美术学校任职的同时，他创办了《国华》杂志，并在东京师范学校教授奈良时代的美术史。另一方面，由于对东方美术的广泛的兴趣，他于1893年，三十一岁的时候，为寻访中国的古代艺术，游历了北京、洛阳（龙门）、西安，还于1901年，三十九岁的时候，访问了印度。

1904年，他与横山大观（1868－1958）等人航渡美国，在波士顿美术馆调查研究东方美术。《茶之书》写于1906年，这时天心四十四岁，已是他在法隆寺将观音像公诸于世之后二十多年了。也就是说，此时天心的艺术经验已经十分成熟了。

《茶之书》的意义之一是，由一个受"西方的冲击"而开始觉醒的近代日本知识分子重新发现了东方的价值。其次，此书与他的其他两部著作一样，是用英语写成的，是针对只知道"施与"，不知道"接受"的西方而写的。也就是说，它最早地实现了从文化"接受"向文化"施与"的转换。这大概可以说成是此书的第二个意义吧。再者，上述的两个意义是以《茶之书》一书所论述的哲学上和美学上的"问题"为前提的。

《茶之书》从饮茶这一普通的事情谈起，进而描述了作为东方的"生活艺术"之一的茶道，从而显示了受东方思维方法支配着的美的特征，并且对单纯以好奇心看待东方的西方提出了必须正确理解东方的劝告。与此同时，还暴露了日本沉醉于日俄战争胜利，竭力推进富国强兵，急于进入世界列强（脱亚入欧）的文明意识的危险性。冈仓天心从艺术研究出发，进而以艺术的眼光来看待人生，发掘出美的价值。他不以经济效率和物质丰富为标准，而是确认美的规律才是生存的准则。

"只有和美一起生活的人才能死得美丽。"这句话也许是《茶之书》的根本命题。以自刎来实践这一命题的人是服务于那时最高权力者丰臣秀吉（1536—1598）的千宗易（号利休，1522—1591）。千利休师从武野绍鸥（1504—1555），创造了以简素静寂为特色的侘茶（茶道之一）的最完美的仪式。《茶之书》正是以利休的"临终茶仪式"这一段美丽而

悲壮的描写作为结尾的。这可以说是冈仓为茶人将自身化
为艺术的唯美主义的宗教所唱的一曲赞歌。

　　当然，《茶之书》无意鼓励这种死，尽管它是美的，
也无意鼓吹东方优于西方。站在艺术的立场上，从美的角
度来看，天心主张在东与西的相异之中寻求相同之处，只
有在共感产生的地方才有艺术杰作产生的土壤。他主张：
"只有爱好艺术的人才能超越自己的局限性。"换句话说，
以自己的艺术体验使他人向自己靠拢，同时，自己又进入
到他人的艺术体验之中去。并且，如天心所说，只有被艺
术作品感动的人才能鉴赏艺术品的真。失去了"审美的自
我"，所有的艺术理论、艺术批评都是无意义的废话。天
心引用了中国古代批评家的感叹，挖苦了那种缺乏"审美
的自我"的人："人们是靠耳朵去批评一幅画的。"

　　冈仓天心在《茶之书》中对东西方的位置所作的描述，
不但对日本有着深刻的意义，而且对中国也有着可以借鉴
之处。在某种意义上，日本比中国早一步，正如近代启蒙
思想家们所期望的那样，实行了现代化。而目前，"现代
化"作为中国的课题被提了出来。同样把西方当作某种典

范的中国和日本，作为东方的两个国家，进一步互相接触、互相了解是有着特别意义的。日本从中国"接受"了大量宝贵的财富，与此相对，在"施与"方面却做得很不够。中日之间"异化"和"同化"的辩证法，目前仍是我们的必要课题之一。把《茶之书》介绍给中国读者，不能说是把纯粹日本的东西介绍给中国读者。众所周知，茶道发源于中国的唐代。冈仓认为，茶道的仪式最早是根据茶的第一位使徒、八世纪的陆羽所著的《茶经》中的茶仪式为原本点化而来的。宋人受禅宗的影响，把"造物"推崇为"大宗师"，因而将人生艺术化了。当时茶道的仪式是从禅宗的仪式中脱出并发展而成的。将这一仪式作为茶道传至日本，开始于创造了"点茶法"的村田珠光（1422－1502）。珠光的门人是宗陈、宗悟，再下一代的大师是绍鸥。利休师从绍鸥，并奠定了今日日本茶道的基础。

如上所述，介绍给中国读者的这本冈仓天心的《茶之书》，实际上就像回娘家的姑娘似的。想想此书出版已八十余年，其间被译成德文、法文、日文等多种文字并多次再版，但她回娘家的日子真是太晚了啊！不知中国读者对处于现代化的政治、经济和文化形态之中而始终保存下来的日本人生活艺术之一的茶道，以及茶道所表现的艺术观、审美观和世界观作何感想。

本书的中译者张唤民曾工作于上海社会科学院文学研究所，现在日本的东京大学大学院人文科学研究科作为美学艺术学专业的博士研究生，和我在同一个研究室继续着他那热忱的学习生活。在美学的意义上给《茶之书》以相当高评价的张君，根据《茶之书》的英文原文和三种不同的日译本，颇费斟酌地将此名著译成中文。遗憾的是我不懂中文，不能在中文的遣词组句上提出什么有益的建议。唯愿他的苦心能得到中国读者的体谅。

1988年7月8日

推荐序 明代花香不敌唐宋浪漫

茶文化研究者　曾园

冈仓天心于1863年出生于日本，七岁学英语和汉语，十六岁考上东京大学，称得上天才。天心毕业后在文部省工作，上司九鬼隆一颇看重他，安排美国学者费诺罗萨（也是他曾经的大学老师）和他赴欧美考察美术教育。

此后九鬼隆一担任驻美公使，当时他的妻子初子受困于剧烈的妊娠反应，医生建议回国治疗。此时冈仓天心从欧洲返日，路过华盛顿拜访九鬼一家。因此护送初子夫人回东京的任务就落在天心的身上。

据傅华古先生研究，当时横跨太平洋的航线要历时三十多天，这段时间已经足够让命运捏合两个已婚男女之间的因缘了。

归国后未满三十岁的冈仓天心筹建东京美术学校并任

该校校长。他在任时除了将西洋画排除在专业之外，还为师生设计奈良时代风格的制服。须知明治维新的一个重要项目就是废除和服，提倡西服。冈仓天心因此类行径成为提倡国粹的耀眼人物。

1898年冈仓天心与初子恋情曝光，九鬼隆一与妻子离婚，初子精神崩溃，从此在医院中度过余生。冈仓天心因此事加上管理层分歧辞职，弟子横山大观、菱田春草等人追随他成立了日本美术院。

1901年冈仓天心出游印度，结识了宗教家辨喜与文豪泰戈尔。受他们启发而写的英文书《东方的理想》(更贴近内容的书名应为《亚洲的理想》)1903年在伦敦出版。

1904年天心受费诺罗萨邀请，率弟子横山大观、菱田春草和六角紫水赴美举办画展，大获成功。这一年他在纽约出版新作《日本的觉醒》。据六角回忆，此书得到了富裕的加德纳夫人援助。天心后来为加德纳夫人演示茶道，关心宏大题目的冈仓天心转而开始写作与茶道有关的文字。1906年《茶之书》出版了。此书席卷美国的知识界，并入选了中学教科书。

此后冈仓天心担任波士顿美术馆东洋美术部主任。似乎只醉心于哲学艺术的他重现了古希腊哲学家泰勒斯通过橄榄赚钱的传说。1893年他来中国时就熟悉了北京、天津、洛阳等地的古董流通市场。此外，他还是第一个发现龙门石窟遗址的外国人。1906年10月冈仓来华购藏美术品，从他的旅行日记中可知这趟所获不菲："书画四十七件，铜器三件，汉玉一件。其中珍品有蓝瑛《嵩山图》、仇英《明皇闻鸡图》、唐寅的《松下双鹤》……"六年之后，他买到了宋徽宗《摹张萱捣练图》。他购入的隋代持莲子观音像陈列在波士顿美术馆中国雕塑展厅的中间位置。他在采购中也获利甚丰，得以在五浦附近建造别墅。晚年的他喜着中国传统道服，钓鱼读书，自称"五浦钓徒"。

1913年冈仓天心去世，日本的茶道家对此书兴趣不大，1929年岩波书店才翻译出版《茶之书》。但此书的影响力逐渐增强，今天日本已有十七个译者翻译了《茶之书》，中国有十二个译者翻译了此书。在今天的读者看来，此书已成了解茶的必读书了。

那么，我们为什么要去读这本《茶之书》？毕竟这本书中关于茶道的见解尚有疏漏，在有关东方文化的论述中，天心还常常把道家与道教混为一谈。

有人说，因为中国没有这样一本书，所以我们要去读。这是当然了。像冈仓天心这样重量级人物去写茶，对读者来说自然是再好不过的事。但这样的解释类似于登山家马洛里指着珠穆朗玛峰所做的回答："因为山就在那里。"这仅适合于在登山圈里引起共鸣。在大众阅读的领域内，持久畅销一定与阅读价值相关。

首先，冈仓天心反对极端西方化本来就有一定道理。他在全世界强调印度的宗教价值、中国的伦理与美学价值，是极合情合理的。《茶之书》在全球的影响来得突然与持久，也许在东方人看来奇怪，但在欧美阅读市场里，《茶之书》本来就是颇具竞争力的紧俏货。能有持续一百多年的热度，说明此书吸引人的因素可能不止一两点。我们不妨用冈仓天心自己的话来解释：

对于后来的中国人，茶仅仅是一种可口的饮料，但绝不是理想。国家的长期灾难夺去了他们品尝生命的意义的兴趣，他们变得现代化，即变得老成而又清醒。他们失去了对使诗人和古人永远年轻和生机勃勃的幻想的崇高信念。他们是一些折中主义者，温和地接受宇宙的传统。他们玩弄自然，但不肯屈尊去征服或崇拜她。他们的茶叶带着令人惊异的花似的芳香，但是，在他们的茶杯中已经再也找不到唐、宋时代的茶道仪式那样的浪漫了。

针对这段文字，我们可以写出一本书来反驳它。但我想说的是，这段文字是此书中唯一批评中国文化的。真正重要的是，一个中国人绝对想不到有人会以这种奇怪的角度去评价中国茶文化。这种角度就蕴含了特殊的文化价值。首先，天心不觉得中国文化（即使在清末）有多大问题，中国文化仅需与世界进行局部调适就能具备很强竞争力。其次，古往今来大多数茶人与冈仓天心比起来，他们仿佛对所有的茶文化都"一视同仁"，反而显得贫弱无力。

中国浩繁的茶叶知识已经超过了一个勤勉学者一生的学习总量，所以冈仓天心在茶文化领域谈不上腹笥丰赡，这并非不可原谅。冈仓天心在书中披露，"我们发现一位明代的训诂学者竟不能想起一本宋代古籍中的茶筅的形状"。冈仓没明说，但这位训诂学家很容易查到是毛奇龄。

毛奇龄不懂茶筅无伤大雅，但他对此采取的轻蔑态度则与天心充满敬意的文字大相径庭。大学问家犯错难免，但偏狭狂妄与无知相比更不可接受。

那么，也许能够发现茶的真问题或抓住茶的要害，才是衡量一本茶书价值的标准。冈仓天心在某些小问题上讲几个故事，就能重构、拼合出一个新的视野，从中我们也许会发现喝茶完全不是穷巷老翁的落后癖好，而是全球审美领域中颇有竞争力的一个门类。

这源于他的思考方式。《茶之书》不仅仅是用英文写的茶文化读物，在这本书的叙述脉络下有其强劲的西方思想框架。如果他反复强调的只是东方不弱于西方的"兴亚论"，充其量也不过是文明算命，一百年之后即使应验也并无多大价值。贯穿在《东方的理想》一书中的是来源于黑格尔的精神不断征服物质、奴役物质的思想，他进一步预言了"精神征服物质，这是全世界努力的目标"。也许在二十世纪初讲这些关于落后亚洲的话是令人费解的，但《茶之书》中蕴含这样的想法在一百多年的阅读中受到了欢迎。如他将"道"解释为"宇宙变化的精神——为了产生出新形式而自我回归的永恒的生成"。"道家说，在'无始'的一开始，精神与物质进行了殊死的斗争。""禅宗根据佛教的无常理论和精神主宰物质的要求，把房屋看作身体的暂时住所。"冈仓天心在茶中说禅论道，既是让西方读者容易消化的黑格尔方式，也预留给东方读者沉思的空间。

在《东方的理想》一书中，冈仓天心认为亚洲思想要在宇宙本身中确认自己。在《茶之书》里，他一脉相承地认为"茶的哲学""在精神几何学方面，规定了我们对宇宙的比例感"（张唤民译本）。江川澜译本是"它是精神几何学的，因为它界定了我们在宇宙中的定位"。

这段文字出现在《茶之书》的开篇，任何茶道家都不会否认，这段话既极其理性地强调了茶的哲学轮廓，又以令人惊讶的精确刻画了茶汤在对人的灵魂起作用时卢仝所说的"肌骨清"与"通仙灵"的状况，而这正是茶道家上千年来试图清晰传递给普通人的难解信息。

"文章合为时而著"自然没错，但这个"时"不是机会主义者眼中的"时"，而是长时段里一直被证明有效的正道。所谓"茶道是道家的化身"一语真是道出了茶道之精微。明代茶人或醉心于令人炫目的新工艺（如某种花香），或为了卖茶去贬低陆羽，这些举动历来是被容忍的。但冈仓天心则在此洞悉了商业力量既促进了行业，也将文人的思想冲击到魂不知所系的地步。长期物质的贫弱也会带来思想的贫乏，所谓满腹经纶其实是缺乏创化的抱残守缺。

冈仓天心讲明了这一点：可量产量化的"花香"不敌唐宋朦胧"浪漫"。他的书用一多百年时间也证明了茶文化不一定非得为茶叶品牌写作什么软文，茶文化本身也能成为商品，一本书的利润就能超过几百家茶企。

是以为序。

2019 年 9 月 27 日

天心小传

译者　张唤民

　　文久二年十二月二十六日（1863年2月14日），冈仓天心出生于横滨本町五丁目（今横滨市本町一丁目，立有冈仓天心纪念碑），当时的外国人居住地。

　　关于天心的父亲，我们知道的不多。根据近年来石井光太郎的研究，他原是越前的福井藩[1]派到横滨附近的太田阵屋去的下级藩士（武士）。福井藩还在外国人居住地开有生丝贸易商店，因为不得不对幕府隐去藩名，所以商店起名叫石川屋。由于天心的父亲经营有方，开始任主管的助理，后来就升任了主管。石川屋在他的管理之下生意

1　越前、福井，均地名。藩即诸侯。

兴隆，这些可以在当时制作的绵绘和双六[1]中看到。

天心行二，幼名觉藏，十五岁改名觉三。著名的英语学先驱者冈仓由三郎是天心的弟弟，比天心小七岁。可以说，在近代日本的发祥时期，哥哥以日本传统的优越性启蒙了日本国民，而弟弟则以英语教育为国民打开了向外的眼界。仿佛是沿着相反的方向，二人却对日本近代文化的发展起到了同样重要的作用。

天心从儿童时代便离开了父母，被送到神奈川的通海见山长延寺，并在那里学习汉学。八岁左右开始在高岛英语学校以及詹姆斯·柏拉（James Ballabh）的英语私塾学习英语。自幼学习英语对冈仓选择人生道路有着极为重要的意义，这也许与身居横滨的外国人居住地这一特殊的环境有关吧。

在天心十二岁（明治六年，1873）的时候，冈仓家关

---

1 绵绘，版画的一种，明和年间（18世纪中期），由铃木春信（1725－1770）和奥村政信（1686－1764）等人，将西方的远近透视原理运用到浮世绘创作中，同时与日本传统倭画的逆远近法相结合，创作而成。双六，纸牌的一种。18世纪末，江户的町人文化盛行，双六得以普及，当时双六不仅仅被当作游戏，也被视作优秀的画师制作出来的艺术品。

闭了生丝店，移居东京日本桥的蛎殻町。天心与弟弟由三郎师从有名的茶人正阿弥，正式研习茶道，就是这一时期的事情。

明治十年（1877），天心十六岁的时候，进入了新设的东京大学（后曾改称东京帝国大学）的文学部。第二年，美国人厄内斯特·费诺罗萨来东大任教，这可以说是决定冈仓命运的第二个重要因素。在黑格尔派的理想哲学与德国浪漫主义美学方面造诣颇深的费诺罗萨，对东方哲学，特别是佛教产生了极大的兴趣，也是在这一时期，他开始了对日本美术的研究。费诺罗萨和冈仓天心在东京大学的相遇被称为东方美术与现代鉴赏力的相遇。这是说，在费诺罗萨来日本之前，日本画坛只承认洋风画和南画，继承传统绘画的桥本雅邦在海军学校做制图，狩野芳崖则在炮兵工厂做制图。处在这样一个极端欧化的时代，只有费诺罗萨一人公然论及日本美术的优秀传统。

这样，明治中期兴起的艺术上的国家主义运动实际上是由一个外国人发起的。政府为了保护传统绘画，甚至定出了扫除洋画风的方针。这时的天心在口译、笔译和调查研究上给予了费诺罗萨的东方美术研究工作以极大的帮助。正是由于这两个人的协力，千余年来掩盖着日本古代艺术的面纱才被揭开了。

后来，带着文部省（文化部）的指令，此二人对日本各地的古社寺中秘藏的艺术品进行了调查。公开秘藏了几个世纪的法隆寺梦殿观音像的事件也是发生在这一时候。无视千年的佛法，而把追求美作为唯一的法，这正是冈仓天心年轻时桀骜不驯的自由人的形象。

天心十分早熟，十六岁进入大学，十八岁结婚，十九岁获得文学学士学位，继而做了文部省的官员。二十五岁的时候，作为当时成立的美术调查委员会的助理，他与费诺罗萨一起对欧美进行了九个月的调查访问。这次调查活动不但使天心开始了解西方，同时也使他对东方有了更深刻的认识。

东京美术学校筹备于天心出访欧美之前。天心的出访使得这所学校有了更加明确的意义。作为艺术上的国家主义的试点，它于明治二十二年（1889）以国立的形式成立了。第二年，天心被任命为校长，并讲授"日本美术史"。当时他二十九岁，而他的周围有桥本雅邦、横山大观、菱田春草（1874—1911）、下村观山（1873—1930）、木村武山（1876—1942）等现代日本美术界的大师。

天心不同凡响的所作所为，一方面引起了世人强烈的共鸣，另一方面也引起了不少人的反感。明治三十一年（1898），天心三十七岁的时候，由于上级的命令，他竭尽全力创立的东京美术学校的校长的职务被解除了。据说是因为他与上司九鬼隆一文部少辅（官名）的夫人有着颇深的爱情关系；还说他嗜酒成性，放荡不羁，不适合作为教育者。但是随着天心的免职，以雅邦为首的十七名主教授也联名辞职了。这一事件充分显示了天心的影响力。

同年，天心与下野的教授们一起开设了私立学校日本美术院，他担任评议长。十月，日本绘画协会与日本美术院联合举办了展览会，大观的作品《屈原》、观山的作品《阇维》、春草的作品《武藏野》等得到了极高的评价。从此，日本画坛与天心一起移到了日本美术院。

明治三十四年（1901），天心四十岁的时候，接受内务省的命令访问了印度。他结识了思想家威埃卡南达

（Vivekananda）和他的门人、英国妇人妮维代特（Nivedita，1867－1911）。1903年，在妮维代特的协助下，天心的著作《东方的理想》在伦敦的约翰·马来出版社出版了。《东方的理想》系统地论述了东方的文化，它是天心面向西方读者写下的第一部著作。

《东方的理想》以"亚洲—整体"这样的文字为开头。这句话在昭和初年成了日本帝国主义的标语口号，因而家喻户晓。但是以此为根据说天心是帝国主义政治制度的支持者就未免太牵强附会了。天心的"亚洲—整体"是强调贯穿亚洲文明各种样相的精神主义，并以此开篇展开对日本文化的论述。从《茶之书》中可以看到天心对帝国主义和殖民主义的谴责。他的国家主义的根基是人间之爱，他的所谓国家主义是一种类似于国际主义的大国家主义。

《东方的理想》在伦敦出版之后的第二年（1904），当他四十三岁的时候，他被波士顿美术馆聘为东洋部主任。从此开始了半年美国、半年日本的生活。由于他的努力，中国和日本的艺术品才更多地、更正确地为西方人所理解。

明治三十九年（1906），天心的《茶之书》在纽约的弗克斯·达费尔德出版社出版了。连同1904年出版的《日本的觉醒》，天心生前只出版了这三个单行本，并且都是用英文写成并在国外出版的。天心死后，日本才出版了他的大量论文集、讲义录。这就足见天心著书多么严谨，他的著作具有多么强大的影响力了。

同年，由于天心只有半年居留日本，日本美术院的经营变得越来越艰难，于是校址迁至天心的自宅，茨城县大津町五浦。离开了京城，他与弟子大观、观山、春草、武山四人一起在五浦开始了浪漫的"艺术三昧"的生活，称五浦为"东方的巴比松"。

明治四十四年（1911），哈佛大学授予天心文学修士的称号。在此期间，他的论文开始大量地出现在日本杂志上，但是他的身体却越来越病弱了。大正二年（1913），由于肾炎恶化，天心于九月二日（10月1日）在赤仓山庄逝世，时年五十二岁。

还有一点值得提及的是，《茶之书》虽然初版于1906年，但在日本出现日文的单行本，已经是1929年的事情了。其间的二十三年中，法译本和德译本都已经出版了。

目前在日本比较容易看到的是岩波文库的译本（译者为村冈博）、中央公论社的译本（译者为森才子）和海南书房的译本（译者为 F. 直子）。本小传正是参考了直子的天心小传而写成。

1988年夏

目次

人情的碗

春茗雲中
碧寒泉
石上青
惜眠山寺揖
跌雨著
茶一徑
擷靈嵒贊

茶，开始是用作药材，后来就成了饮料。在八世纪的中国，饮茶作为一种高雅的享乐，出现在诗歌领域。到了十五世纪，日本把饮茶尊崇为一种审美的宗教，即茶道。茶道是基于崇拜日常生活里俗事之美的一种仪式，它开导人们纯粹与和谐，互爱的奥秘，以及社会秩序中的浪漫主义。茶道本质上是一种对不完美的崇拜，就像一种在难以成就的人生中，希求有所成就的温良的企图一样。

就"茶的哲学"这个术语的一般意义来说，它并不单是审美主义的。因为它还在伦理和宗教方面，表现出我们对人和自然的全部见解。它还属于卫生学，因为它力求清洁。它又是经济学的，因为它所教示的与其说是在复杂和奢华中，不如说是在单纯中寻求安慰。在精神几何学方面，它规定了我们对宇宙的比例感。它使"茶的哲学"的所有信奉者变成了鉴赏力的贵族，因而表现了东方民主主义的神髓。

很长一段时间，日本与世界相隔绝。这不但有助于自省，而且还极其有利于茶道的发展。我们的风俗、习惯、衣食住行、瓷器、漆器、绘画，乃至我们的文学，全都受了茶道的影响。日本文化的研究者不能无视它的存在。它不但弥漫于贵族们高雅的闺房，而且也渗入了平民的家家户户。我们的村民知道插花，连我们的最卑微的苦力也敬仰山水。俗话说，这个人"没茶气"[1]，意思是说他在自己的人生经历中，对亦庄亦谐的趣味非常愚钝。而对那种无视人间的悲剧，随

---

1 "茶气"一词，原指茶道的素养。"没茶气"，日语俗语，原文为"茶がない"。——译者注

感情冲动而放荡不羁的唯美主义者，我们则非难他"茶气过重"。

也许外行会说我小题大作。他会说，"从一个茶碗里做出这么大的文章来！"[1]但是如果我们想到，人生享乐之碗竟是这么小，人们很快就会感动得热泪盈眶，在不可遏制的对无限的渴求中，这么容易就喝光这碗中的残渣，我们就不再耻于从茶碗里做大文章了。人们已经做了更坏的事情。在对酒神的崇拜中，我们奉献的无可数计。我们甚至不惜美化沾满血污的战神的形象。那么，我们为什么不献身于茶叶女神，陶然于从她的祭坛里流出来的同情的暖流之中呢？在乳白色瓷器中的液体琥珀里，精于茶道的人将品尝到孔子的惬意的宁静，老子的犀利淋漓，以及释迦牟尼那飘渺的风韵。

---

1 原文"a tempest in a tea-cup"，即英语谚语"a tempest in a teapot"，意为"小题大做"，此处有一语双关之妙。

不能感到自己的伟大处的渺小的人常常看不见别人的渺小处的伟大。一般的西方人看到茶道的仪式，便在隐藏着的自满中把它看作东方古怪和稚气的千百种怪癖的又一例。当日本沉迷于温文尔雅的和平的艺术中时，西方人惯常把日本看作野蛮的民族；相反，当日本在中国东北战场开始进行大屠杀时[1]，他们却称日本为文明的国度。最近，有大量的关于武士道——这种教导我们的战士为献身而自豪的关于死的艺术——的评论，但是几乎没有人注意到充分表现我们的生活艺术的茶道。如果我们所需要的文明是基于令人憎恶的好战，那么我们还不如做野蛮人，我们还不如等待着有一天我们的艺术和理想得到应有的尊敬。

什么时候西方才会理解，或者试图去理解东方呢？我们亚洲人常常震惊于那些缠绕着我们的，被编造的

1　指1904年的日俄战争。

各种稀奇古怪、有形无形的幻网。我们被描绘成不是以食老鼠和蟑螂为生，就是靠呼吸荷花的香气过活；不是无聊的迷信，就是卑陋的淫逸。印度的灵性被嘲笑地说成是无知，中国的朴实被贬低为愚钝。日本的爱国主义则是宿命论的结果。我们常被说成由于神经组织的麻木而对伤痛失去感觉能力！

你们西方人何故不拿嘲笑我们东方人来取乐呢？我们以礼还礼。如果你们知道了我们对你们的想象和描写，你们所有对远景的沉迷，你们对不可思议的事物的莫名的崇敬，你们对新的和不明确的事物的默默的忿恨，那就会有更多取乐的材料了。你们有着高雅得令人望尘莫及的德行，你们有着美丽得使人无法非难的罪行。我们古代智慧的先哲们告诉我们，你们的衣服里掩藏着你们的毛茸茸的尾巴，并且你们常常烹调新生婴儿以食用！不，你们在我们的心目中还要更坏。我们常常把你们看作地球上最不实际的人，因为你们从不去实行你们所宣扬的教义。

这种误解正在很快地在我们之中消失。商业使欧洲的语言在东方的许多港口得到使用。亚洲的青年人涌向西方的学院去接受现代的教育。我们的学识还不足以透彻地洞悉你们的文化，但是至少，我们愿意去学习。我们的一些同胞甚至接纳了你们太多的习惯和礼仪，他们误以为得到了你们的硬领和丝制的高筒礼帽，也就得到了你们的文明。这些可悲可叹的装蒜表明了我们不惜膝行着去接近西方。不幸，西方的态度却不利于理解东方。基督教的传教士是为了施与，而不是为了接受，你们的消息来源如果不是往来旅人的不可靠的逸事，便是我们丰富的文学的贫乏的翻译。像侠义的拉夫卡狄奥·汉（Lafcadio Hearn）[1]，或者《印度

---

[1] 小泉八云（1850－1904）的本名，原籍英国。1850年生于希腊，1890年移居日本，与松江人小泉节子结婚，后加入日本籍。在松江中学、第五高等学校、东京大学、早稻田大学教授英语和英国文学，出版了《心》《怪谈》《日本精神》等用英语写成的关于日本的印象记、随笔和故事，于1904年去世。

生活的脉络》(*The Web of Indian Life*)的作者[1]那样，用我们自己的感情的火把照亮东方黑暗的事情太少了。

也许我说得这样直率正表明了我缺乏茶道的修养。茶道的高雅的精神要求你只说别人希望你所说的。但是，我不是一个高雅的茶人。新旧世界的相互误解已经造成了那么多的伤害，一个人若愿为改善相互间的理解尽微薄之力，这是无需解释的。二十世纪初，如果俄国甘于对日本作多一些的了解，血腥战争的景象就不会出现了。无视东方问题会给人类带来多么惨痛的结果啊！不耻于高喊"黄祸"[2]这一荒唐口号的欧洲帝国主义很难认识到亚洲也会觉悟到"白祸"的残酷含义，你们也许会嘲笑我们"茶气过重"，难道我们就不

1　原注：Sister Nivedita。译者按：即本书《天心小传》中提到的妮维代特。

2　"黄祸"(the Yellow Peril)是当时欧美国家出于对亚洲民族（尤其中国与日本）的崛起与渗透的恐惧与不安，对亚洲的歧视性谬论。著名案例有威廉二世赠予俄国沙皇尼古拉二世的《世界各民族，保护你们最珍贵的财产》（又称《黄祸图》），以及马修·希尔1898年发表的短篇小说集《黄祸》。

会认为你们西方人天性"没茶气"了吗？

　　还是让我们停止东西方相互抛来掷去的讽刺吧，即使两半球的相互利益不能使我们变聪明，也应该使我们变得认真一些，我们的发展沿着不同的道路，但这并不是我们不能取长补短的理由。你们以动荡为代价得到了扩张，我们却创造了无力抵抗侵略的调和。你们信不信，在某些方面，东方优于西方？

　　多么不可思议，如此丰富的人性现在已交汇在茶碗里。茶道是博得普遍尊重的唯一一个亚洲的礼仪。白人嘲笑我们的宗教和道德，却毫不犹豫地接受了这种褐色的饮料。在西方社会的今天，午后茶起着重要的作用。在茶盘和茶碟的优雅的碰撞声中，在好客女主人的那柔和的沙沙声中，在普普通通的是否加奶或加糖的客套中，我们便可以知道，对茶的崇拜毫无疑问地确立了。面对尚未泡开的清茗，客人表现了对未来命运的达观的顺从。仅从这一例中，我们就可以看到至高无上的东方精神。

在欧洲,关于茶的最早的记载,据说见于一个阿拉伯旅行家的叙述,他写道,公元879年以后,广东的主要税收来源是盐税和茶税。马可·波罗记下了1285年中国的财政大臣因任意增加茶税而遭到免职处分的事情。这时正值地理大发现的时代,欧洲人开始越来越多地知道了遥远的东方。十六世纪末,荷兰人报导了在东方人们用一种灌木的叶子制出一种可口的饮料的新闻。吉奥瓦尼·巴蒂斯塔·拉姆西奥(Giovanni Batista Ramusio, 1559)、L. 阿尔麦达(L. Almeida, 1576)、玛菲诺(Maffeno, 1588)、塔莱拉(Tareira, 1610)等旅行家也提到了茶[1]。同在1610年,荷兰东印度公司的船首次把茶叶运到了欧洲。1636年,法国知道了茶叶。1638年,俄国也知道了茶叶。英国则在1650年迎来了

---

1 参见保尔·克兰赛尔(Paul Kransel)的《论文集》,柏林,1902年。——原注

茶叶，并把它叫作"最高级的，被所有医生称许的中国饮料，中国人称之为茶（Tcha），其他国家则称之为Tay，又名 Tee"。

就像世上的所有好东西一样，对茶的宣传也遇到了反对。像亨利·萨维尔（Henry Saville, 1678）那样的持异论者谴责饮茶是一个不洁的习惯。乔纳斯·汉维（Jonas Hanway,《论茶》, 1756）说饮茶对男人身高和相貌有害，使女人失去了美。开始，茶价昂贵（一磅约十五至十六先令），茶叶不属于一般的消费品，而是作为"供王室享用的御用品，奉献给王侯贵族的贡品"。尽管有此障碍，饮茶之风还是以惊人的速度蔓延开来。十八世纪前半叶，伦敦的咖啡馆实际上成了茶馆，像爱迪逊[1]和史蒂尔[2]这些才子也成了饮茶消遣的常客。这

1　约瑟夫·爱迪逊（Joseph Addison，1672—1719），英国散文家。
2　理查德·史蒂尔（Richard Steele，1672—1729），英国散文家，曾与爱迪逊合办幽默刊物《旁观者》。

种饮料很快就成了生活的必需品，因而也成了征税的对象。从这里，我们联想到茶叶在现代历史中所起到的重要作用。美国殖民地屈从于压迫，直到人们的忍耐力在茶税的重压下崩溃为止。美国的独立是从把茶叶箱投进波士顿港湾时开始的。

在茶的味道里有一种微妙的魅力，这就使茶变得不可抵御，并且容易被理想化。西方的幽默作家们很快就把他们思想的精华与茶的芳香混在一起了。茶没有葡萄酒的傲慢，没有咖啡的矜持，也没有可可的那种故作天真。早在1711年《旁观者》报上就登载过这样一段话："因此，我要特别向所有起居有恒的家庭推荐我的想法，每天早上留出一小时来用茶、面包和奶油；我要热心地劝告他们，为了他们自己，把这份报纸当作茶具的一部分，让人按时备好吧。"[1]萨缪尔·约

---

1 这段文字摘自1711年3月12日的《旁观者》杂志，作者为爱迪逊。

翰逊[1]把自己说成是"一个顽固、不害羞的饮茶者，一个二十年来，靠这种富有魅力的植物浸泡液来稀释饭食的人，一个伴着茶水消磨夜晚，靠着茶水得到午夜的慰安，伴着茶水迎来黎明的人"。

一个公认的茶道信徒查尔斯·兰姆[2]说出了茶道的真髓。他说，他所知道的最大的快乐是暗中行善，并偶然发现它是善行。茶道就是这样一种隐藏着你可以发现的美的艺术，一种暗示你不敢表白的东西的艺术。它是平静而充分地自嘲的高尚的秘密，它本身即是这样一个幽默（humour）——达观的微笑（the smile of philosophy）[3]。从这个意义上，所有真正的幽默作家都可以称作茶哲学家（tea-philosophers），例如萨克雷，当然

---

1 萨缪尔·约翰逊（Samuel Johnson，1709－1784），英国文献学者、批评家、诗人。著《英语辞典》《诗人列传》，校注《莎士比亚全集》。
2 查尔斯·兰姆（Charles Lamb，1775－1834），英国散文家、评论家。代表作《风俗随笔》。与姐姐玛丽·安·兰姆合著《莎士比亚故事集》。
3 英文中 humour 一词本身有会心一笑的意蕴。

还有莎士比亚。颓废派的诗人们（世界什么时候不颓
废？）反对唯物主义时，在某种程度上也接受了茶道。
今天，也许在茶道这种对"不完美"的娴静的冥想中，
西方和东方可以找到共同的安慰。

　　道家说，在"无始"的一开始，精神与物质进行
了殊死的斗争。终于，天上的太阳黄帝战胜了大地和
黑暗之神祝融。在临终的痛苦中，巨人祝融用自己
的头向太阳的天顶撞去，撞碎了翡翠一样碧蓝的天
顶。星星流离失所，月亮盲目地流浪于支离破碎的夜
空。失望之中，黄帝四处寻找可以补天的人。功夫不
负有心人，东海的女神名叫女娲，她有角一样的冠和
龙一样的尾，身披火的盔甲，金光灿烂，她用有魔法
的大锅融炼五色彩虹，补好了中国的天空。但是，据
说女娲忘记了填补蓝天上的两个小缝，于是爱的二元
论（the dualism of love）就开始了，两个灵魂不知停歇地
流转于空间之中，直到有一天他们合在一起，变成完

整的宇宙。这样，每个人都不得不重建他的希望与和平的天空。

现代人类的天空实是毁于为了财富和权力而进行的独眼巨人式的争斗之中。世界在利己主义和卑俗的阴影中摸索着。没有良心的得到了知识，人们为了实利而施善行。东方和西方像投进骚动着的大海里的两条龙，徒然地为重新得到生命之宝石而争斗。我们需要一个女娲重新修好这巨大的废墟，我们等待着这一伟大的显灵。同时，让我们啜一口香茶吧。午后之光辉耀着竹林，泉水淙淙欢跃，松林的风声在茶壶中飒飒回响。让我们沉浸于瞬息之梦，逗留于事物美丽的虚幻（foolishness）之中吧。

茶的诸流派

茶是一件艺术作品，它的高贵气质只有大师之手才能得到。我们有质量好的茶和质量坏的茶，就像我们有好的绘画和坏的绘画一样，而往往我们有的是后者。制作好茶并没有什么单一的诀窍，就像创作提香[1]或雪村[2]那样的作品没有什么规则一样。每一种茶叶制法（preparation of the leaves）都有它的个性，它对水和热的特别的亲和性，它保存着的遗传记忆，还有它独特

1　提香·韦切利奥（Tiziano Vecelli，1488或1490—1576），意大利文艺复兴后期威尼斯画派的代表画家。代表作有《乌比诺的维纳斯》《圣母升天》《神圣与世俗之爱》《爱神节》等。
2　雪村（1504—1589），字周继，常陆人。日本室町后期的画僧，曾居住于奥州的会津、田村等地，终生以画为友。曾学习宋元画，画风个性强烈，代表作有《风涛图》《竹林七贤图》等。

的表现方法。真的美必定常存于制法之中。由于社会总是不能承认这种艺术和生活的简单而又基本的法则，我们怎能不承受巨大损失呢？宋代诗人李竹嬾[1]曾悲叹世上的三件最为可悲之事：伪教育耽误了好青年，俗气的赞赏贬低了名画的价值，拙劣的技术糟蹋了好茶。[2]

　　像艺术一样，茶有它不同的时代和流派。它的发展大致可以分为三个主要时期：煎茶、抹茶和淹茶[3]。我们现代人属于最后这一个流派。品茶的各种方法表现了流行这些方法的各个时代的精神。因为生活即是表现，我们的无意识行为正是我们最隐密的思想的不断的表露。孔子曰："人焉廋哉。"也许，因为我们没有什么伟大的东西可以隐藏，所以，我们才过多地在小

1　"宋代诗人"，当为"明代文人"之误。李日华（1565—1635），字君实，号竹嬾，浙江嘉兴人。晚明官员、书画家、鉴赏家。著有《味水轩日记》《紫桃轩杂缀》等。

2　此句引自李日华《紫桃轩杂缀》卷二。原文为："天下有好茶，为凡手焙坏；有好山水，为俗子妆点坏；有好弟子，为庸师教坏。"——译者注

3　即煮茶、沏末茶和沏叶茶。

事情上显示了自己。日常生活中的小事，就像哲学和诗的精华一样，表述着人类的理想。甚至于像对葡萄酒的不同爱好表明了欧洲不同时代和不同国民的各不相同的特质一样，关于茶的不同理想标志着东方文化的不同情调。煮的团茶、搅的粉茶、沏的叶茶，标志着中国的唐朝、宋朝和明朝各自特有的感情方式。如果我们可以借用常被滥用的艺术分类术语，我们大体上可以把它们称作：茶的古典派、茶的浪漫派和茶的自然派。

产于中国南方的茶树很早即载于中国的植物学和医学方面的书籍中。在古籍中，它被冠之以各种名称，如荼、蔎、荈、槚、茗，并且被高度赞誉为具有恢复疲劳、清醒精神、增强意志、矫正视力等功效。[1]它不

---

1 陆羽《茶经·一之源》提及茶的名称和功效："其名，一曰茶，二曰槚，三曰蔎，四曰茗，五曰荈……若热渴、凝闷、脑疼、目涩、四支烦、百节不舒，聊四五啜，与醍醐、甘露抗衡也。"

仅作为内服药而被施用，而且，为减轻风湿病的疼痛制成糊状以作外敷。道家声称它是使人长生不老的灵丹妙药的重要组成成分。佛教徒们在长时间的冥想中广泛地使用它来抵抗睡魔。

四五世纪，茶已成为长江流域的住民喜爱的饮料。正是这个时期，"茶"这个现代用的表意文字出现了。很显然，它是古代"荼"字的别字[1]。南朝的诗人们留下了一些热情颂扬"液状翡翠之泡沫"的字句。当时，皇帝们常常把精制的茶叶赐给高官们作为表彰他们的功勋的奖赏。那个时候，饮茶的方法还是极端原始的。把蒸好的茶叶放在臼中碾碎，之后制成团子，和米、

1　追溯"茶"字字源的工作，始于宋代文人魏了翁，《鹤山集》卷四十八《邛州先茶记》考订，"茶"的本字是"荼"，中唐以后才出现了"茶"字。清初顾炎武在《唐韵正》中，通过对唐代碑刻文献的考察，肯定了魏了翁的观点。译者注：日本汉学家佐藤喜代治在他的《汉字在日本的历史》中写到，"茶"字出现于唐代，由"荼"字演变而来。详见佐藤喜代治，大藏省印刷，1986年第二版。

姜、盐、橘皮、香料、牛奶一起煮，有时还有洋葱！[1]
现在，西藏人和许多蒙古部落还有这种风俗，他们用
这种配方制成一种奇妙的浆汁。从中国商队那里学来
了制茶方法的俄罗斯人则用柠檬切成的薄片，这正是
古代饮茶方法的痕迹。

是唐朝的时代精神把茶从粗俗的状态中解脱出来，
使它达到最终的理想境界。我们的第一个茶的改革家
是八世纪中叶的陆羽[2]。他生于释、道、儒三教寻求相
互融会贯通的时代。那个时代泛神论的象征主义教人
们从一个特殊的现象中寻求整个宇宙的反映。诗人陆
羽从饮茶的仪式中看出了支配整个世界的同一个和谐

---

1 《茶经·六之饮》记载了当时流俗的饮茶法："或用葱、姜、枣、橘皮、茱
萸、薄荷之等，煮之百沸，或扬令滑，或煮去沫。斯沟渠间弃水耳，而习
俗不已。"

2 陆羽（733—804），字鸿渐，自称桑苎翁，又号东冈子，唐代复州竟陵（今湖
北天门）人。性诙谐，闭门著书，不愿为官。一度曾为伶工。与女诗人李季
兰、僧皎然颇友好。以嗜茶著名，并精于茶道。撰有《茶经》。又能诗，但传
世者不多。

和秩序。在他的伟大著作《茶经》中，他制定了茶道（the Code of Tea）。从那时起，他就被崇拜为中国茶商的保护神。

《茶经》分三卷十章。第一章，陆羽论述了茶树的本性。第二章论述了采茶的工具。第三章论述了选茶。根据他的说法，高质量的茶叶必须"如胡人靴者，蹙缩然；犎牛臆者，廉襜然；浮云出山者，轮菌然；轻飙拂水者，涵澹然。……又如新治地者，遇暴雨流潦之所经"[1]。

第四章始于三脚铜风炉，终于装盛所有茶具的竹制都篮，列举并描述了二十四种茶具。在这里，我们注意到陆羽偏爱道家的象征主义。并且在这一部分里，

---

1 这一段连用了数个比喻，描述茶饼中精品的形状，有像胡人的靴子一样皱缩的，有像野牛胸部一样起伏不平的，有像浮云出山一样曲折回旋的，有像轻风吹过水面一样表面有水波纹的。……又有像新修整过的土地经过暴雨流水的冲刷，显得凹凸不平的。天心以为是形容"高质量的茶叶"（the best quality of the leaves），则不太确切，未区分茶饼和茶叶。

观察茶对中国陶器的影响也是饶有兴味的。众所周知，中国的瓷器起源于复制精美玉器的企图，结果，在唐代出现了南方的青瓷和北方的白瓷[1]。陆羽认为青色是茶碗的理想颜色，因为它可以增添茶水的绿色。相反，白瓷则使茶水显出粉色，因而给人无味的感觉[2]。这种观点的产生是由于他饮用的是团茶。后来，当宋代的茶师饮用粉茶时，他们则喜爱深蓝色和黑褐色的厚茶碗。[3]到了明代，泡茶开始了。白瓷制的薄茶碗则受到厚爱。

在第五章里，陆羽描述了制茶的方法。他除去了除盐以外的所有添加物，而且他详细地论述了已被大

1　唐代瓷器在发展中形成了"南青北白"的两大瓷窑系统，其代表分别为浙江的越窑和河北邢窑。

2　《茶经·四之器》："碗，越州上，鼎州次，婺州次，岳州次，寿州、洪州次。或者以邢州处越州上，殊为不然。若邢瓷类银，越瓷类玉，邢不如越一也；若邢瓷类雪，则越瓷类冰，邢不如越二也；邢瓷白而茶色丹，越瓷青而茶色绿，邢不如越三也。"陆羽举出了青瓷胜于白瓷的三种原因，天心引用时突出了其中的第三条。

3　如《大观茶论·盏》："盏色贵青黑，玉毫条达者为上，取其燠发茶采色也。"

量讨论过的水的选择和煮沸的程度问题。根据陆羽的看法，山泉为上，江水为中，井水为下。煮沸的程度有三：初沸呈现为鱼目似的小水泡浮游在水面上；二沸呈现为水晶珠似的水泡在涌泉似的水中翻滚；三沸呈现为水沸如腾波鼓浪。先把团茶放在火前焙烤，直到它变得像婴儿的手臂似的柔软，然后把它夹在两张优质的纸之间揉成粉末。水初沸时放盐，二沸时放茶，三沸时往壶里加一勺冷却的水，让茶叶沉淀下来，使水复清。然后这茶水就可以斟饮了。啊，琼浆玉液般的茶水！如晴天爽朗有浮云鳞然，其沫者若绿钱浮于水湄。它正如唐代诗人卢仝所写的那样：

一碗喉吻润，二碗破孤闷。

三碗搜枯肠，惟有文字五千卷。

四碗发轻汗，平生不平事，尽向毛孔散。

五碗肌骨清，六碗通仙灵。

七碗吃不得也，惟觉两腋习习清风生。

蓬莱山在何处，玉川子乘此清风欲归去。[1]

《茶经》的后几章记述了饮茶的一般方法的粗俗，有名的茶人的简历，中国有名的茶园，茶具的所有变种，还附有茶具的插图。不幸的是，《茶经》的最后一章已经散佚了[2]。

《茶经》的出现在当时肯定是一个轰动一时的事件。陆羽得到了代宗皇帝（762—779在位）[3]的友谊，并且他的名声引来了许多门徒。据说当时有一些高手能够把陆羽泡制的茶从他的门徒们泡制的茶之中挑选出

---

1 所引诗句，节选自卢仝的《走笔谢孟谏议寄新茶》，为感谢友人孟谏议赠予新茶而作。此段在后世常被单独引用，又称《七碗茶歌》。卢仝（约795—835），自号玉川子，范阳（今河北涿州市）人。年轻时隐居少室山，家境贫困，刻苦读书，不愿仕进。其诗风格奇特，近于散文。有《玉川子诗集》。

2 《茶经》第十章题名"十之图"，但传世各个版本均无附图，后世多认为第十章亡佚了。但《四库全书总目》认为，题名为"十之图"，是总结上九章，将以上九类茶事写在绢素上张贴在座位旁，而不是另有一章附图。可备一说。

3 天心原文"the Emperor Taisung（768—779）"，似偶误。

来。还有一个官人，由于不会品尝出自大师之手的茶水而被载于史册了。[1]

到了宋代，抹茶开始流行，因而开创了茶的第二个流派。先用小石磨把茶叶研成细粉，然后把它放进热水里，用竹丝制成的精巧的茶筅[2]搅打。这个新的方法导致了陆羽所使用的茶具的一些变化，当然，茶叶的选择也相应地发生了变化。盐不再被使用。宋人对茶有着无限的热情。美食家们竞相发明新的花样，为了定其优劣还定期举行比赛。徽宗皇帝（1101－1125在位）[3]作为一个伟大的艺术家，以致难以兼为一个举止端庄的帝王，他不惜用珍宝去换取珍种的茶叶。他亲笔写下了茶论二十篇[4]，其中他把"白茶"奉为最珍贵的

---

1 这位官人应是李季卿，故事最初记载于唐代文人封演的笔记小说集《封氏闻见记》卷六《饮茶》中。——译者注
2 茶筅即搅和茶叶末使之起泡沫的小圆竹刷。
3 天心原文"the Emperor Kiasung（1101－1124）"，似偶误。
4 即《大观茶论》，成书于大观元年（1107）。全书共二十篇，对北宋时期蒸青团茶的产地、采制、烹试、品质、斗茶风尚等均有详细记述。

精品。

　　就像宋人的人生观不同于唐人一样，宋人关于茶的理想也不同于唐人。先祖们试图以象征来表现的事情，宋人则力求把它们现实化。在新儒家[1]的心目中，现象世界并不反映宇宙法则，而是宇宙法则本身。万劫不灭唯在瞬间——涅槃永驻心中。不朽即在无穷的变化之中，这一道家的思想浸入到宋人的思想模式之中。兴趣在于过程，而不在结果。真正的生机在于去完成，而不在于完成。只有这样人才能当即直面自然。一个新的意义出现在生活的艺术之中。于是，饮茶不再作为一种诗意的消遣，而成为一种自我实现的方式。王禹偁赞誉茶像直言，可以触动他的灵魂，茶那微妙的苦涩使他回味善意的忠告。[2]苏东坡曾写道，茶的纯

1　指宋代理学家。

2　此句出自王禹偁所作的律诗《茶园十二韵》，原文为："沃心同直谏，苦口类嘉言。"王禹偁（954—1001），字元之，号雷夏先生，宋代巨野人，著有《小畜集》等。

洁无瑕像真正有德的君子那样能抵御污染。佛教中，大量吸收了道家教义的南宗禅创造了用心良苦的茶的仪式。僧人们集合在菩提达摩的像前举行神秘的圣餐仪式时，轮流喝一个碗里的茶水。正是这个禅宗仪式终于在十五世纪发展为日本的茶道。

不幸的是，十三世纪蒙古部落突然勃发起来，结果元朝皇帝的野蛮统治，摧毁和征服了中国，宋文化的全部成果被毁灭了。十五世纪中叶，企图复兴中国的明朝又陷于内乱。十七世纪，中国再度沦于满族人的统治之下，昔日的风俗习惯便被改变得面目全非了。粉茶被忘得一干二净。我们发现一位明代的训诂学者竟不能想起一本宋代古籍中的茶筅的形状[1]。现在的饮

1　此处所指，疑是明末清初学者毛奇龄，天心"明代的训诂学者"的说法不太确切。毛奇龄（1623—1716），字大可，号秋晴，萧山城厢镇（今属浙江杭州）人，治经史及音韵学，著述极富，有《西河合集》四百余卷。其《辨定祭礼通俗谱》卷三云："祭礼无茶，今偶一用之。若朱礼每称茶筅，吾不知茶筅何物。且此是宋人俗制，前此无有，观元人有咏茶筅诗可验。或曰宋时用茶饼，将此搅之，然此何足备礼器乎？"

茶方法是把茶叶放在碗或杯子里用热水沏。西方世界不知道旧的饮茶方法是因为欧洲在明代末期才知道茶。

对于后来的中国人，茶仅仅是一种可口的饮料，但绝不是理想。国家的长期灾难夺去了他们品尝生命的意义的兴趣，他们变得现代化，即变得老成而又清醒。他们失去了对使诗人和古人永远年轻和生机勃勃的幻想的崇高信念。他们是一些折中主义者，温和地接受宇宙的传统。他们玩弄自然，但不肯屈尊去征服或崇拜她。他们的茶叶带着令人惊异的花似的芳香，但是，在他们的茶杯中已经再也找不到唐、宋时代的茶道仪式那样的浪漫了。

紧紧追随中国文明的脚印的日本却知道茶的这三个阶段。我们看到这样的记载：早在729年，圣武天皇（724—749在位）在奈良的皇宫里赐茶给百僧。茶叶大概是我们的遣唐使带回来的，制作的方法也是当时流行的风格。在801年，名叫最澄[1]的僧人带回了一些茶种，并种植在比叡山。接下来的几个世纪，茶成为贵族和僧侣所喜爱的饮料，大量的茶园也出现了。名叫荣西的禅师[2]曾去中国研究南宗禅，宋茶随着荣西禅师的归国，在1191年来到日本。他带回来的新种成功地种植在三个地方。其中一处是京都附近的宇治。宇治至今一直被誉为生产世界上最好的茶叶的地方。南宗禅以惊人的速度传播开来，随之传播开来的是宋代的茶道和关于茶的理想。十五世纪，在足利义政[3]将军的赞助下，茶的仪式作为一种独立的、世俗的仪式完全

1　最澄（767—822），日本天台宗的创立者。俗姓三津首，幼名广野，日本近江国滋贺郡人。少从近江国师行表高僧出家，后赴南部，在鉴真生前弘法的东大寺受具足戒，并学习鉴真和思托带来的天台宗经籍。公元804年曾率弟子入唐学佛法，于805年返回日本。故此处所说的801年有误。

2　荣西禅师（1141—1215），日本临济宗的创立者。俗姓贺阳，字明庵，号叶上房，备中（冈山）吉备津人。自幼从父学佛，十四岁出家，初学天台密教，曾于1168、1187两次入宋学习临济禅。著有《吃茶养生记》一书，将茶誉为"百病之药"。

3　足利义政（1436—1490），日本室町幕府第八代将军，义教的次子，性喜艺术，并大力保护和扶植艺术。

确立起来。从此以后，茶道便在日本确定下来。十七世纪中叶以后，我们才知道有中国后来使用的煎茶，因此煎茶也比较晚才被我们使用。尽管粉茶一直作为茶中之茶而占有稳固的地位，但作为日常生活的消费品，煎茶却代替了粉茶。

在日本的茶的仪式中，我们可以看到关于茶的理想的极致。1281年我们成功地抵抗了蒙古的侵略，因而我们才有可能继续在中国被游牧民的入侵如此悲惨地中断了的宋代的文化运动。对于我们，饮茶已经不再局限于理想化的饮用形式；它成为生活艺术的宗教。茶成为崇拜纯粹和精致的诱因，成为一种神圣仪式，在这一仪式中，主人和客人协力去创造世俗的至福的瞬间。

茶室是现实这一荒凉的沙漠中的一块绿洲。疲惫的旅人可以相聚在这里共饮艺术鉴赏的泉水。茶的仪式是即兴剧，它的情节由茶、花和绘画编织而成。没有一点色彩破坏茶室的色调，没有一个响声打破事物的节奏，没有一个动作闯入这里的和谐，没有一个词汇扰乱四周的统一，一切行动都进行得那么单纯和自然——这就是茶的仪式的目的。不可思议的是它常常成功。这一切的背后潜隐着微妙的哲学。茶道是道家的化身。

道和禅

禅与茶的关系是众所周知的。我们已经叙述了茶的仪式是由禅的仪式发展而来。老子是道家[1]的奠基者，也与茶的历史有着密切的关系。有关风俗习惯的起源的中国教科书中写道，献茶给客人的仪式源于老子的高徒关尹[2]，他首先在函谷关把一杯金色的仙药献给了这位"老哲人"。我们先不去讨论这个故事的可靠程度，尽管道家很早就证实饮茶这一事情有价值，我

1　作者于全书中，并未区分学派意义上的道家，以及宗教意义上的道教，一概使用 Taoism/Taoist，译文在此稍有调整。——译者注

2　关令尹喜，又名关尹子，是春秋战国时的道家学派代表人物之一，著有《关尹子》九卷。根据《史记》的记载，老子见周朝衰败，西出函谷关，当时守关的令尹喜仰慕老子的学问，盛情款待，向他请益。老子为他留下了五千言的《道德经》，便骑牛而去。

们对道和禅的兴趣主要在于它们体现在茶道中的生活观和艺术观。

遗憾的是，目前还没有任何一种外语充分地表述了道和禅的教义，尽管我们已经做过了多次值得称赞的尝试[1]。

翻译常常是不忠实的，就像一位明代作家所发现的，最理想的也就是看到了锦缎的反面[2]——所有纵横的丝线都很清楚，只是没有色彩和匠心的微妙之处。然而，哪里又有这样一种伟大的教义，轻而易举就可以说明得了呢？古代的圣贤从来不把自己的教义编成系统的形式，他们只说反论，因为他们害怕说出不完全的真理。他们开始说话的时候就像傻子，然而当他

1　参见保尔·卡路斯（Paul Carus）所著《道德经》（芝加哥：Open Court 出版公司，1878）。——原注

2　此句似应出自宋代僧人赞宁（919—1001）《宋高僧传》卷三《译经篇》"翻锦绮"之说："翻也者，如翻锦绮，背面俱花，但其花有左右不同耳。由是翻译二名行焉。"天心误为明代。——译者注

们说完的时候，却使听众变得聪明了。老子用他那奇僻而幽默的口吻说："下士闻道，大笑之。弗笑，不足以为道。"[1]

"道"，按字义讲是"路径"的意思。它被译成道路（Way）、绝对（Absolute）、法则（Law）、自然（Nature）、至理（Supreme Reason）、模式（Mode）等等。这些翻译都不错，道家信徒们根据探究的论题不同，区别地使用这一术语。关于"道"，老子说："有物混成，先天地生，寂兮寥兮，独立而不改，周行而不殆，可以为天下母。吾不知其名，字之曰'道'。强为之名曰'大'。大曰逝，逝曰远，远曰反。"[2] "道"译为"通路"（Passage），强于译为"路径"（Path）。它是宇宙变化的精神——为了产生出新形式而自我回归的永恒的生成（the eternal growth which returns upon itself to produce new forms）。它像道家

1　出自《老子·上士闻道第四十一》。
2　出自《老子·有物混成第二十五》。

喜爱的象征——龙那样可以应变，又像云那样隐现变幻。"道"也许可以叫作"大变迁"（The Great Transition）。主观地说，它是宇宙的气，它的绝对正是它的相对。

首先，不应忘记的是，道就像它的嫡出者禅一样，表现了与以儒家为代表的北方中国的集体主义截然相反的南方中国精神的个人主义的倾向。广袤如欧洲的中国，具有由横贯中国的两大水系所造成的不同的特质。长江和黄河可以相应地比作地中海和波罗的海。即便现在，经过了几个世纪的统一，中国南方人的思想和信仰仍然不同于他的北方的兄弟，正如拉丁民族异于日尔曼民族一样。在古代，交通远不如今日发达，特别是在封建时代，思想上的这一差异则更为显著。一方的艺术和诗歌所呼吸的空气与另一方截然不同。我们在老子及其门人和长江流域自然诗人们[1]的

---

1 "长江流域自然诗人们"即辞赋家。

先驱者屈原身上发现了与他们同时代的北方作家们散文式的道德观念绝不相容的理想主义。老子生活在公元前五世纪。

道家思想的萌芽在老子（别号老聃）出现很早以前就已经产生了，中国的古代文献，特别是《易经》，即是老子思想的先兆。但是，在以公元前十一世纪[1]周朝的建立为顶峰的中国文明的古典时期，人们只对法律和风俗习惯倾注了大量的关心，个人主义的发展却长期处于停滞状态。因此，直到周朝瓦解，许多独立王国纷纷建立，自由思想之花才吐露芬芳。老子和庄子都是南方人，他们都是新学派的最伟大的倡导者。另一方面，孔夫子和他的大量门徒则志在保持祖传的习俗。如果没有一些儒家的知识便不能理解道家，反之亦然。

1　英文版原文"前十六世纪"，当为作者手误，周朝（公元前1046—前256年）建立于公元前十一世纪。

我们已经说过，道家的绝对即是相对。在伦理学方面，道家痛斥社会的法律和道德准则，因为在他们看来，对与错只不过是相对的词汇。定义总是作为限定来使用——"固定"和"不变"只是表现成长停止的词汇。屈原说："圣人不凝滞于物，而能与世推移。"（《渔父》）[1] 我们的道德标准是过去社会需要的产物，但是，难道社会是永远不变的吗？墨守共同的传统包含着为了国家而不断地牺牲个人这一内容。为了持续这个大骗局，教育便鼓励一种无知。不是教人们真的具有德行，而是教人们行为合乎体统。由于我们的自我意识太强，我们便成为不道德的人。由于我们知道我们自己不对，因而便不再原谅他人。因为我们不敢对别人讲实话，我们便有了良心。因为我们不敢对自己

1　此句出自《楚辞·渔父》，是渔父对屈原所说。渔父劝屈原"与世推移"，不必"深思高举"，展现的正是道家的哲学思想。而屈原回答"宁赴湘流，葬于江鱼腹中"，誓要保持自己清白的节操，这种刚毅的精神与《离骚》中"虽体解吾犹未变"的精神是一致的，与道家则异趣。

讲实话，于是便心安理得地找到了一个避难所。如果这世界本身如此荒诞，那么谁还能严肃地对待它呢！到处是做交易的灵魂。什么道义！贞洁！请看零售善和真的春风得意的商人吧。一个人甚至可以买到一个所谓的宗教，而这种宗教却正是用花和音乐神化了的共同道德。掠去教会的附属品，那么剩下来的是什么呢？真理令人难以置信地四处繁衍，因为它的价值便宜得惊人——它是祷告者进入天堂的一张门票，它是成为良民的一纸凭证。快收起来吧，如果你的真才实学为世人所知，那么你立刻就会在公开拍卖时为出价最高的买主所有。为什么男人们和女人们如此热衷为自己大做广告呢？这难道不是起源于奴隶社会的一种本能吗？

道家的生命力不仅表现为冲破了"同时代的思想"，而且表现为主导了继起的一系列运动。秦朝开始了中国统一的新纪元，从那时起，有了"中国"这一名词，而道家正是这时期活跃的力量。如果我们有时间来注意道家对当时的思想家、数术家、法家、兵家、阴阳家和炼金术士[1]，以及后来长江流域自然诗人们的影响，那将是一件饶有兴味的事情。我们更不应忽视那些实在论的思想家[2]，他们因为白马之白，或者因为白马之坚，而怀疑白马为马。[3]还有六朝的清谈家们，像禅的哲学家们一样，他们沉迷于讨论关于"纯粹"和"抽象"的问题。不仅如此，我们还应高度评价道家对中国国民性的形成所做的贡献，它使这种国民性具有一种节制而又文雅的力，即如"温如玉"这句话所表现的。中国历史充满了包括王侯和隐士在内的道家信徒遵从着他们的信条而做出了各种各样有趣结果的事例。

---

1 以上关于秦汉时期各学派的提法，皆依据《汉书·艺文志》。

2 指公孙龙子等名家。

3 名家代表人物公孙龙子的主要命题为"白马非马"和"离坚白"，"坚"指石头的质地而言，此处天心将二者混说了。故此句的更确切的说法应为："他们因为白马之白，而怀疑白马为马；或者因为坚石之坚，而怀疑坚石为石。"

这些故事既是教诲，又是娱乐，其中有大量的逸事、寓言和格言。我们愿意与那无所谓生，因而也无所谓死的快乐的皇帝谈玄论道。因为我们就是风，我们可以和列子一起御风，而发觉这风即是绝对的寂静。或者和既不属于天，也不属于地，而生活在天地之间的黄河老人[1]一起生活在半空中。我们发现甚至在当今中国的那些假冒道家的怪诞作品中，那些在其他任何教派中都不能发现的大量形象也能够使我们着迷。

但是，道家对亚洲生活的主要贡献是在美学领域。中国的历史学家们常常称道家为"处世之术"，因为道家是针对现世，即我们自身的。只有在我们的身上，神与自然才能相遇，并且昨天与明天才能分开。"现在"是运动着的"无限"，是"相对"的合法的领域。"相

---

1 疑即河上公。根据东晋葛洪的记载，河上公不知姓名，常年居住在东海之外仙人所居的天台山。汉文帝时，结庐于黄河之滨，故人称河上公、河上丈人。——译者注

对性"寻求"调整"，而"调整"即"艺术"。生活的艺术在于针对着我们的环境做不断的调整。道家原封不动地接受俗世，与儒家和佛教不同，它试图在我们这个令人悲叹的世界中发现美。宋代有"三人尝醋"这样一个寓言[1]，生动地说明了三种教义的倾向。释迦牟尼、孔子和老子曾经站在一坛子醋——生活的象征——面前，每个人都用手指蘸醋，放在嘴里品尝。注重事实的孔子说，醋是酸的；佛祖说，它是苦的；而老子说，它是甜的。

道家主张，如果所有的人都保持统一，人生的喜剧就会更加引人入胜。即保持事物的均衡状态，让地方给他人而不失去自己的位置，这正是在俗世的戏剧中成功的诀窍。为了充分地扮演我们的角色，我们必

---

1 这一宋代寓言的主人公，一般为苏轼、黄庭坚和佛印三人，分别代表了道、儒、释三家。后世的民间艺术中有"三酸图"，常以此为题材，描绘三人尝醋时的神态。

须知道全剧；在个体这个概念中，整体这一概念永存。老子用他的"虚"这一得意的隐喻说明了这个道理。他认为真正的实在存在于虚之中。例如，屋子的实在即在由屋顶和墙壁围成的空间之中，它既不存在于屋顶之中，也不存在于墙壁之中。水罐的用处在于它有可以盛水的空虚，而不在于水罐的形式或制作水罐的材料。[1] 虚可以容纳一切，因此它是万能的。只有在虚之中，运动才有可能。一个人只有使自己空虚，其他东西才能自由地进入这空虚之中，这个人也才能成为一切场合的主宰。全体永远能够支配部分。

这些道家思想极大地影响了我们所有的行动理论，甚至于剑道和相扑的理论。日本的自卫术——柔术便是由《道德经》中的一段文字得名。在柔术中，人力求用不抵抗，即虚，来消耗对手的力气，同时节省自己

1　出自《老子·无用第十一》："埏埴以为器，当其无，有器之用；凿户牖以为室，当其无，有室之用。故有之以为利，无之以为用。"

的体力，而在最后的搏斗中取得胜利。这一原理的重要性在艺术中通过暗示的价值而表现出来。留下一些没有说尽的东西，因而给观者以完成作品思想的机会，伟大的作品总是这样不可抵抗地抓住你的注意力，直到你实际上变成了作品的一部分。虚使你进入其中，并使你达到美感的极致。

掌握了生活艺术的人便是道家所说的"真人"（The Real Man）。他的出生便是梦的开始，而到死时，他才领悟人生。他柔弱自己的光芒，为了隐身于世人的幽暗之中。他如老子之言，"豫兮若冬涉川，犹兮若畏四邻。俨兮其若客，涣兮若冰之将释。敦兮其若朴，旷兮其若谷，浑兮其若浊"[1]。对他来说，生命的三件宝是"慈""俭"和"不敢为天下先"[2]。

1　出自《老子·显德第十五》。
2　出自《老子·三宝第六十七》："我有三宝，持而宝之。一曰慈，二曰俭，三曰不敢为天下先。"

如果现在把注意力转向禅宗，我们将发现，禅宗强调的是道家的教义。"禅"字来源于梵文中的 Dhyana（禅那）一词，意指沉思冥想。禅主张通过专心致志的思想而达到自悟的极致。冥想是成佛的六种方法之一。禅门弟子断言释迦牟尼在他晚年的教义中特别强调了这个方法，并把它的法则传授给了他的高足迦叶[1]。根据他们的传说，禅的第一代祖师迦叶把这一秘方传给了阿难陀，阿难陀又顺次传给了下一代祖师，直到这一秘方传到了第二十八代祖师菩提达摩[2]。菩提达摩曾在公元六世纪前半叶来到中国北方，成为中国禅宗的第一代祖师。在这些祖师和他们的教义的历史记载中有许多不确实的地方。在禅宗的哲学方面，早

---

1 迦叶，摩诃迦叶波之略称，释迦牟尼的十大弟子之一。中国禅宗把他奉为西天传承佛法的第一代祖师。

2 菩提达摩（？－528或536），中国禅宗的创始者，相传为南天竺人，于梁武帝时期来到中土。曾在嵩山少林寺面壁打坐九年。后遇慧可（487－593），授以《楞伽经》四卷，于是禅宗得以流传。

期禅宗似乎在一方面同那伽阏剌树那[1]的印度怀疑主义相类似；在另一方面，又同商羯罗阿阇梨[2]所建立的哲学"无明观"[3]相类似。现在我们所知的禅的第一本经书[4]出自中国禅宗第六代祖师，南宗禅的奠基者慧能[5]（638—713）之手。此禅由于在南方中国的优势地位而被称为南宗。紧接慧能的是马祖大师[6]（死于788年），他使禅对人民的生活发生了有力的影响。马祖大师的

1　那伽阏剌树那，即龙树菩萨，释迦没后约七百年（一说约五百年）出生于南印度。精研大乘经典，著《中论》《大智度论》等，开创空性的中观学说，肇大乘佛教思想之先河，故被后世尊为大乘诸宗的祖师。

2　商羯罗阿阇梨（约788—820），南印度人，以印度教的复兴者和婆罗门哲学的集大成者而著名。

3　无明指经验界三惑之一，十二因缘的第一支，为一切迷妄和烦恼的根源。

4　指《六祖坛经》。——译者注

5　原文为"the sixth Chinese patriarch Yeno（637—713）"，年份系天心偶误。慧能，唐高僧，禅宗中南宗开创者，也是禅宗的第六祖。本姓卢，世居范阳（今河北涿州市），生在南海新兴（今属广东）。谢世后，弟子们编集他的语录，称为《六祖坛经》。

6　马祖道一（709—788），本姓马，故称马祖，名道一，汉州什邡县（今属四川）人。唐佛教禅宗高僧，主张自心是佛，任心为修。他让"顿悟"说付诸实行，取代了看经坐禅的传统，促使禅僧普遍革新禅的观念。

弟子百丈[1]（719—814）首创了禅寺以及管理禅寺的清规戒律。在马祖时代以降的关于禅宗的议论中，我们发现长江流域的精神促成了中国固有的思想模式的融入，使其与以前的印度理想主义产生了对立。无论持有多么强烈的宗派自豪感，也不能不承认南宗与老子和道家的清谈者们的教义有着相似之处。在《道德经》中，我们已经发现了对精神集中的必要性，以及适当调节气息的必要性所作的论述，而这些正是进入禅定[2]的基本要点。一些《道德经》的最好的注本往往出自禅学家之手。

禅宗像道家一样，是对相对的崇拜。有个大师为

1　百丈怀海（约720—814），本姓王，俗名木尊，福建长乐人。马祖道一大师的法嗣，禅宗丛林清规的制定者。唐中叶后，由于旧教规和戒律与禅宗发展存在尖锐矛盾，于是怀海便大胆进行教规改革，设立了百丈清规，为禅宗发展扫清障碍，对禅宗发展具有重大贡献。

2　修行佛法达到的一种状态，意指安静而止息杂虑。

禅下定义说，禅是在南天而见到北极星之术[1]。真理只有通过领悟与真理相反的一方才能得到。再有，禅宗像道家一样，是个人主义的热烈鼓吹者。除与我们的精神活动相关的事物之外，没有真实。第六代祖师慧能曾经见到两个僧人观看塔顶的旗帜在风中翻飞。一个说："这是风在翻飞。"另一个说："这是旗帜在翻飞。"然而慧能对他们解释说，真正在运动着的，既不是风，也不是旗帜，而是他们心中的什么东西。[2]百丈和一个弟子在林中散步，一只兔子在他们走近时，突然飞窜而逃。百丈问他的弟子说："兔子为什么从你的身边逃走？"弟子回答道："因为它怕我。""不，"大师

1　此句出自《五灯会元》卷十五"襄州白马山行霭禅师"条："僧问：'如何是清净法身？'师曰：'井底虾蟆吞却月。'问：'如何是白马正眼？'师曰：'面南看北斗。'"
2　出自《坛经·行由品第一》。

说，"这是因为你有杀生的本能。"[1]这段对话使我们想起道家庄子的一段话。有一天，庄子与一个朋友游于濠梁之上。庄子说："鯈鱼出游从容，是鱼之乐也。"他的朋友说："子非鱼，安知鱼之乐？"庄子说："子非我，安知我不知鱼之乐。"[2]

禅常常与正统佛教的戒律相反对，正如道家与儒家相反对一样。对于禅的先验的顿悟，语言是思想的一个障碍；佛经的全部效力在于，它是对个人思索的诠释。禅门子弟所追求的是与事物的内在本性直接交流，而把事物的外在附属物看作清楚地领悟真理的障碍。正是这种对抽象[3]的爱，使禅选择了水墨画，而不同于采用了细密的工笔重彩的古典佛教教派。一些禅

1　这段化用了《景德传灯录》卷十记载的故事。原文主人公为赵州观音院的从谂禅师，情节也略有不同："有人与师游园，见兔子惊走，问云：'和尚是大善知识，为什么兔子见惊？'师云：'为老僧好杀。'"

2　见《庄子·秋水》。

3　原文"abstract"，村冈博的日译本为"绝对"。——译者注

门弟子由于力图不靠形象和象征来认识内心中的佛陀，甚至发展为反对圣像崇拜。丹霞和尚[1]曾在冬天打碎木制佛像用来生火取暖，吓坏了的旁观者叫道："这简直是亵渎神灵！"和尚平静地回答说："我要从灰烬中提取舍利。"旁观者愤怒地反驳说："但是你绝不可能从佛像中找到舍利！"和尚回答说："如果我找不到舍利，那么它就不是佛。怎么能说我是亵渎神灵呢？"然后，和尚转过身去继续烤火。[2]

　　禅对东方思想的特别贡献是它把尘世和灵魂看得同等重要。对禅来说，在物的大关系网中，大和小是没有区别的，一粒原子具有和宇宙同样的可能性。极致的寻求者必须在自己的生活中发现灵光的反射。禅

1　丹霞和尚（739—824），唐代禅僧，法号天然，以曾驻锡南阳（今属河南）丹霞山，故称丹霞天然，或丹霞禅师。在以慧能的思想为本源的南岳派（代表人物怀让）和青原派（代表人物青原行思）中，他是青原派的第三代和尚。

2　事见《祖堂集》卷四："丹霞和尚……于慧林寺，遇天寒，焚木佛以御之。主人或讥，师曰：'吾茶毗，觅舍利。'主人曰：'木头何有也？'师曰：'若然者，何责我乎？'"

寺的组织正表现了这一观点的意义。除了住持以外的所有成员都必须分担照管禅寺的一些特别的工作。而且非常奇怪的是，分配给新入门的弟子的工作比较轻松，而分配给最有声望和资历的僧人的工作则较为下贱而枯燥。这些工作是禅门修行的一部分，每一个细小的行为，都必须绝对完美。就这样，在除草、削萝卜皮，或者烧茶的同时，继续许多重要的讨论。茶道的整个理想，便是从生活的细小的事情中悟出伟大这一禅的概念的产物。道家奠定了审美理想的基础，禅宗则把这些审美理想付诸现实。

茶室

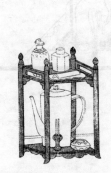

对于在石料和砖瓦建筑的传统熏陶下的欧洲建筑家们来说，我们日本以木材和竹子为材料的建筑方法似乎没有被列入建筑学的价值。只是最近，一个有才能的西洋建筑学者承认并赞扬了我们伟大的寺院所特有的完美[1]。对于我们的古典建筑尚且如此，我们哪里还能希望外行能欣赏截然不同于西方的茶室的微妙之美和它的建筑原理，以及它的装饰呢？

茶室只不过是一间小屋，正如我们所称呼的"茅屋"。茶室又名数奇家（すきや），原义是"喜爱之屋"

1　指出云大社的建筑风格。原注：拉尔夫·N.克莱姆，《对日本建筑及相关艺术的印象》，贝克与泰勒出版公司，纽约，1905年。

（好き家）。到了后来，各种各样的大师根据自己对茶室的看法置换了形形色色的汉字，于是有了"空之屋"（空き家），或者"不对称之屋"（数奇家）等名称。由于它是满足诗意冲动的临时的屋子，所以把它叫作"喜爱之屋"；由于它除去满足暂时的审美需要的装饰以外，其他装饰一概不用，所以把它叫作"空之屋"；由于它表现了对不完美的崇拜，故意留下一些未完成的地方而给人们想象的余地，所以把它叫作"不对称之屋"。从十六世纪以来，茶道的理想极大地影响了我们的建筑学，以至于现在一般的日本房屋内，由于装饰设计的极端简洁朴实，所以外国人看着索然无味。

茶道的所有大师中最伟大的一位，千宗易——众所周知的是他后来的名字利休——创建了第一个独立的茶室。他在十六世纪，在太阁秀吉[1]的资助之下，创立了茶道仪式的程序，并使它达到了尽善尽美的地步。茶室的面积被十六世纪有名的大师绍鸥[2]规定下来。初期的茶室只是普通客厅的一部分，它被屏风隔开，用于茶会。被隔开的部分叫作"围室"，这个名字至今还用于那些组建于房屋之中的非独立建筑的茶室。数奇家（Sukiya）由茶室本身、水屋（水遣）、门廊（待合）、连接门廊和甬道（露地）组成。茶室自身的面积最多可以容纳五个人，这个数字使我们想起"多于格拉斯们，少于缪斯们"[3] 这句话来。水屋是洗刷和准备茶具

---

1 太阁（Taiho），对摄政大臣的尊称。丰臣秀吉（1536—1598），安土桃山时代的武将，尾张国中村人，木下弥右卫门之子。幼名日吉丸，初名藤吉郎。早年任织田信长部将，称羽柴氏。1582年信长死后，权势日重。1590年统一全国。1592年让位于养子秀次，自称太阁。

2 武野绍鸥（1504—1555），原姓武田，后改武野。室町后期的茶人，号一闲居士、大黑庵。师从珠光的门人宗陈、宗悟，后传其茶道于利休。

3 英国谚语，意为一次茶会的最佳人数应在四到八人之间。格拉斯（Graces）是希腊神话中的美惠三女神，分别象征着光明、快乐和开花；缪斯（Muses）即主神宙斯和记忆女神的九位女儿，每一位女神分别掌管一门文艺或科学技艺。

的地方。门廊供被请进茶室之前的客人们等候之用。茶室表面上毫无特征。它比日本最小的屋子还要狭窄，而且建筑材料意在给人以清贫的印象。但是我们绝不要忘记，这是意义深远的艺术构思的结果，每一个细节都是用甚至超过花费在富丽堂皇的宫殿和寺院上的匠心制作而成的。建筑上等茶室的费用超过建筑一般的宅邸的开支，因为材料的选择像工艺一样都需要极端的细心周到。确实，茶人所雇用的木匠都是属于工匠中有特色的和极受尊敬的阶层，他们的工作之细致，可以与漆器细木工相比。

茶室不仅不同于任何一件西方建筑中的作品，而且与日本古典建筑形成强烈对照。我们古代的宏伟建筑，不论是俗世的，还是宗教的，即使只就规模来说，也从没被小瞧过。免于火灾的少数几个世纪以前的建筑物仍能够以它的装饰的富丽堂皇使我们震惊。巨大的木柱，直径二三英尺，高达三四十英尺，靠着复杂的网状托座支撑着巨大的房梁，而房梁又承受着铺满瓦片的倾斜着的屋顶的重压。尽管这些材料和建筑模式难以抵抗火灾，但却足以抵御地震，而且极其适用于日本的气候条件。法隆寺的金堂和药师寺的佛塔即是我们木制建筑耐久性的显著例子。这些建筑经过了十二个世纪，几乎完整无缺地保存下来。以前的寺院和宫殿的内部装饰得极为奢侈。在建于十世纪的宇治的凤凰堂里，我们还可以看到精心制作的天顶和镀金的龛室。龛室镶嵌着镜子和珠母，五彩缤纷，还有曾经覆盖着墙壁的壁画和浮雕刻的遗迹。在日光和京都的二条城，我们可以看到后来为了大量精于色彩和精巧细节的装饰——它们可以与阿拉伯人或摩尔人的最精美的作品比美——而牺牲了结构美的实例。

　　茶室的简朴单纯是模仿禅院的结果。禅院不同于其他佛教宗派寺院的地方在于，它只是作为僧人的住处而建成的。讲堂并不是礼拜和朝圣的地方，而是

"学生们"聚集在一起讨论和冥想修行的"学堂"。讲堂里除了祭坛后面的中央神龛以外，别无他物。神龛里是禅宗创始人菩提达摩的像，或是由禅宗的两位最早的祖师迦叶和阿难陀陪伴着的释迦牟尼像。祭坛上摆有为纪念这些圣人对禅所做的伟大贡献而奉献的花和香。我们已经说过，在菩提达摩像前，禅宗的众僧轮流喝一个碗里的茶水，这一仪式正是奠定茶道仪式的基础。这里，我们可以补充说，禅宗讲堂中的祭坛，是日式房屋中壁龛的原型，在这块神圣之处，主人为陶冶客人摆置了绘画和鲜花。

茶道中所有伟大的大师都是禅的弟子，并且力图把禅宗的精神落实在实际生活之中。因此，茶室就像茶道仪式所用的其他器具一样，表现了许多禅的教义。正式的茶室有四叠半大[1]，或者说，有十平方英尺，

1 日本人在形容房间大小时用的"叠"，是指平铺状态下可容纳的榻榻米数量，"四叠半"的面积约为7.29平方米。

这尺寸是根据馥柯罗摩诃秩多[1]的一段经文规定下来的，在这一饶有兴味的著作中，馥柯罗摩诃秩多（维摩诘）在一间四叠半大的屋子里迎接文殊师利菩萨和八万四千个佛家弟子。[2]这个寓言意指，空间对于真正觉悟了的人而言是不存在的。再有，从门廊通向茶室的庭院甬道意味着冥想的第一阶段，即通向自我启示的道路。甬道的意义在于中断与外界的联系，并使人产生一种清新的感觉，这有助于充分享受茶室本身的美。踱步在甬道上的人，当他踏着一块块排列着的奇形怪状的踏脚石，走在常青树的幽暗中，地上是干枯的松针，身边是披着青苔的石灯笼，他一定会油然而生超脱凡俗的意境。身居闹市的人便会产生远离文明

---

1 英文版原文"Vikramadytia"，疑是"Vikramaditya"（维摩诘）之讹。此处据日译各本改正。

2 《维摩诘所说经·诸法言品第五》中记载，文殊师利与诸菩萨大弟子及诸天人眷属，一同奉佛祖之命，往维摩诘居士所住之处探疾，"既入其舍，见其室空除去所有更寝一床"。

的尘嚣而悠然林中之感。这种安宁与单纯的效果正表现了茶人的伟大创造力。茶人们走过甬道时产生的感情的性质是各不相同的。像利休那样的人追求的是绝对的孤寂[1]，因而主张修造甬道的奥义就像一首古歌所表现的那样：

不见花枝与红叶，

惟见岸边茅屋秋夜中。[2]

另一些人，正如小堀远州[3]，则寻求别样的效果。在远州心目中，甬道的意义可以在如下诗句中发现：

1　原文"utter loneliness"，此处当指利休茶道奥义"和、敬、清、寂"之"寂"，更近寂静之意，即在达到了和、敬、清之后，所进入的安详宁静境界。

2　出自千家流所传的七事式的法策书之一，为藤原定家所作。藤原定家（1162—1241），镰仓时代和歌作者，日本古代和歌重要的理论家和评论家，曾编《新古今和歌集》等选集，撰有文学评论著作《每月抄》。——译者注

3　小堀远州（1579—1647），江户前期的茶人，园艺家。名政一，号宗甫、孤篷庵，近江国人，因作远州守城，故称远州。师从古田织布，创远州流。同时精绘画、和歌、插花、建筑、陶瓷等。

月夜海光丛林中。[1]

远州的意思并不难揣摩。他想要创造一种意境，在这种意境中，新生的灵魂仍然游荡在过去的幽影似的梦中，沐浴在美妙的无我这一柔和的灵光中，渴望着一望无际的彼岸的自由世界。

茶室绝对是和平的地方，客人将怀着这样的心情默默地走近圣殿。如果他是一个武士，他就会把自己的剑放到檐下的刀架上，然后膝行着穿过低于三英尺的小门进入茶室。这一过程是所有客人不论地位高下所必经的，它的目的在于教导人们谦让。客人们在门廊休息的时候，他们的席次已经被商定下来。他们一个接着一个安静地进入茶室，坐在席位上，首先向壁龛中的绘画或鲜花表示敬意。等到所有的客人落座之

---

1 摘自河东散人鹅巢所作藤村庸轩语录集《茶话指月集》(1703)。——译者注

后，除去铁壶中的水沸声以外，再没有声音打破茶室中的沉静，主人才进入茶室。水沸声里藏世界，为了产生这种特殊的音响，一些铁片被安置在壶底。从这种音响中，可以听到水雾中瀑布的回声，远处惊涛拍岸的回声，暴风雨拍打竹林的回声，或者远山松涛的鸣响。

即使白天，室内的光线也很柔和，因为只有少许光线可以透进斜顶低檐。从天顶到地板的所有东西在色调上都很淡雅；客人们自己也精心地选择了颜色不引人注目的服装。一切都呈现出古色古香的柔和，除了崭新的本色竹制茶筅和亚麻餐巾形成唯一的对比以外，任何使人想到新制品的东西都被禁止使用。茶室和茶具虽然褪了色，但一切都清洁如新。连房屋中最幽暗的角落都一尘不染，否则主人便不能被称作茶人。茶人首先需要具备的能力之一，就是扫、擦和洗的知识，因为一尘不染也是一门艺术。一件金属古玩绝不能经一位粗心却热情的荷兰主妇之手。不用擦去从花瓶里溢出的水滴，因为它使人因联想到露珠而感到清爽。

关于这一方面，利休的故事清楚地说明了茶人所怀抱的清洁观念。利休的儿子少庵在甬道上清扫和洒水的时候被利休看到了。利休在少庵结束工作时对他说："还不够干净。"并且命令他重做一遍。少庵不耐烦地又干了一个钟头之后对他父亲说："父亲，没有什么可干的了。石径上洒了三遍水，石灯和树木都闪着水光，苔藓和地衣清新翠绿，地上没有一枝一叶。""傻孩子，"父亲带着责备的语气说，"你这根本不是打扫甬道的办法。"他一边说，一边走进庭园，摇着树，摇落片片秋锦——金色和红色的树叶。利休所需要的不单是干净，还有美和自然。

"喜爱之屋"这个名字意指为迎合个人的艺术趣味而建的屋子。茶室是为茶人而建，而非有了茶室才有茶人。茶室也不是为后代人而建，它只是一个暂时的建筑。每个人都应该有他自己的房子这一思想基于日本民族的古代习惯，神道信仰规定房屋的主人死去以后，房屋里的住民应该搬走。这一行为可能是由于一些尚未被理解的卫生上的缘故。

另外一个早期的习惯，是向每一对新婚夫妇提供新建的住房。在古代，正是由于这些习惯，皇宫才不断地从一个地方搬到另一个地方。伊势的大庙——天照大神的大神宫——每隔二十年重建一次，即现代仍然保留着的一个古代的范例。保持这些习惯只有像我们这样以木造建筑学为基础的建筑形式才有可能，因为它便于拆卸和组建。使用砖石的耐久的建筑则不适于移动，就像奈良时代以后我们所引进的中国式的木制建筑一样，坚固而宏伟。

随着十五世纪禅的个人主义上升为主导势力，旧有的观念在茶室问题上表现出了更深的意味。禅宗根据佛教的无常理论和精神主宰物质的要求，把房屋看作身体的暂时住所。身体本身也只是荒野里的一间小屋，一个用长在周围的野草扎起来的简易避难所，这些野草随时都会因为被松绑而回到原来的荒野中去。在茶室里，无常是由茅草屋顶、纤细脆弱的支柱、没有分量的竹子支撑，以及表面上漫不经心地选择的平凡材料表现出来的。永恒只能在精神中发现，这个精神具现在这个简单的环境中，并用自己的精美的微光，美化周围的一切。

茶室应该按照个人的趣味来建筑，这是贯彻艺术生命力的根本原则。艺术只有忠实于同时代人的生活，才能被充分地鉴赏。我们并不是无视后代人的要求，而是应该更多地满足现今的美感；我们并不是无视过去的作品，而是应该把它们融进我们的意识。盲目地追求传统和形式会阻碍建筑个性的表现。现代日本出现的那些毫无感觉的欧洲建筑的模仿品真让人哭笑不得。我们简直不能理解，在最进步的西方国家，为什么如此缺少具有独创性的建筑物，而却到处充斥着陈旧的建筑风格的仿制品。也许，我们现在正在经历艺术的民主化时期，同时在期待着建立新王朝的君主的出现。但愿我们更加热爱古人，更少地抄袭他们的作品吧！众所周知，希腊人之所以伟大是因为他们从不抄袭古人。

"空之屋"这个词除了表现了道教的"包涵一切"的理论之外，还包含着对装饰动机的变化的不断要求这一思想。茶室里除了为满足美感而暂时设置的东西以外，别无他物。为了某种场合而设置了某一件艺术作品，而为了突出这个主题的美，其他所有的东西部要经过挑选和设置。人不能同时欣赏不同的音乐，对美的真正领悟也只能通过抓住对象的主要动机。因此，在我们的茶室里，装饰系统便与西方的装饰系统相反对，在西方，室内的装饰会使人联想到博物馆。

对于习惯了装饰的单纯和装饰方式不断变化的日本人来说，总是陈列着大量的绘画、雕塑、古玩的西方室内仅仅给人显示阔气的俗气印象。即使享受一件杰作中不断涌现出来的美，这也需要极为丰富的鉴赏力，只有那些具有无限的艺术感觉能力的人才能日复一日地生活在像欧美的家庭常有的那种色彩和形式的大杂烩之中。

"不对称之屋"暗示了我们的装饰方案的另一个方面。西方的批评家们常常论及日本的艺术作品缺乏对称。这种不对称却是具有禅宗色彩的道家理想结出的果实。儒家的根深蒂固的二元论[1]和北传佛教对三尊[2]的

---

1 根据天心在《东方的理想》一书中的看法，当指阴阳观及天地观。
2 原文"trinity"，具体何所指难以确定。一说指"三尊"，即佛寺大雄宝殿中供奉的三尊佛像，通常为释迦三圣（释迦牟尼、文殊菩萨、普贤菩萨）、西方三圣（阿弥陀佛、观世音菩萨、大势至菩萨）、横三世佛（东方净琉璃世界的药师佛、娑婆世界的释迦牟尼佛、西方极乐世界的阿弥陀佛）或纵三世佛（过去佛燃灯佛、现在佛释迦牟尼佛、未来佛弥勒佛）。另一说法认为当译作"三身"，即佛教对体、相、用的崇拜。

崇拜绝不会与对称的表现法相矛盾。实际上，如果我们研究了中国古代的青铜器，或者唐代和奈良时代的宗教艺术，我们就会看到为了获得对称而进行的不断努力。我们的古典建筑的内部装饰配备得十分有规律。但是道家和禅的关于完美的思想却是另一种样子。道家和禅的哲学的动力本质强调寻求完美的过程超过强调完美本身。真正的美只能通过在精神上完美那些不完美的事物才能得到。生命和艺术的活（virility）在于继续成长的可能性。在茶室里，每个客人可以根据自己的兴趣在想象中追求全部效果。自从禅宗的思想模式得到普及以来，东方艺术开始有意避免用对称来表达完美和重复。设计的整齐一律被看作破坏想象的清新。因此，山水、花鸟就成了比人物更令人喜爱的绘画主题，因为人物常常体现着观看者自身。我们往往太突出地表露自己，甚至不顾我们的虚荣心和自爱变得令人生厌。

茶室里永远避免重复。为了防止重复，装饰茶室而用的各种物品的颜色和样式都经过了挑选。如果有了鲜花，那么就不再采用以花为题的绘画。如果用了圆形的茶壶，那么水罐就必须有角。黑釉茶碗不能和黑漆茶叶罐一起使用。在把花瓶或香炉放进壁龛里的时候，要注意别把它放在正当中，以防止它两边的空间相等。壁龛的支柱要和其他柱子使用不同的木材，以防止茶室里的单调气氛。

　　在这里，日本的室内装饰法也与西方的不同。我们看到西方的壁炉上或者其他一些地方的摆设都是对称的。在西方的房屋里，我们常常感到无意义的重复。就像我们和一个人谈话时，这个人的全身像却从他的背后盯着我们，我们会感到很难堪。我们会分不清到底谁是真实的人——是画像中的人，还是和我们说话的人。我们会有一种异样的确信，他们中的一个必定是假的。常常是这样，我们坐在摆满盛肴的餐桌前，却看到餐厅的四壁挂满了绘画，于是感到一阵阵的反胃。为什么净是些以游猎的猎获物为主题的绘画和以鱼与水果为主题的精细的雕刻呢？为什么要展示家传的食器，让我们想到使用过这些食器并且已经不在人世了的人们呢？

茶室的简朴和超脱凡俗的自由真正地使茶室成为远离外界烦恼的圣殿。这里，只有这里能使人沉浸在对美的宁静的崇拜之中。在十六世纪，茶室为苦役，也为献身于日本的统一和改造的勇敢的武士和政治家提供了一个受欢迎的稍事休息的场所。

在十七世纪，在德川时代[1]推行严格的形式主义的情况下，茶室提供了有可能自由地分享艺术精神的唯一机会。在伟大的艺术作品面前，大名[2]、武士和平民

---

1 德川家康打败丰臣秀赖一派后在江户（今东京）建立幕府政治的一段时期（1603—1867），又称江户时代。
2 大名，日本封建时代的大领主，因其大量占有名田（登记的垦田）而得名。

之间没有差别。如今工业主义使全世界越来越难以得
到真正的风雅，难道我们不比以往更需要茶室吗？

艺术鉴赏

你听说过"驯琴"[1]这个道家故事吗？

在很久很久以前，叫作龙门的峡谷里有一棵古桐树，它是真正的森林之王。它抬起头来可以和星星聊天，它的根扎在很深很深的泥土里，青铜色的卷须盘

1　伯牙，春秋时期楚国郢人，晋国上大夫。关于伯牙的传说，载籍颇多，最著名的有《吕氏春秋·本味》《列子·汤问》等。文中的"驯琴"故事，应是天心根据汉代文人枚乘《七发》中的描绘而做的艺术发挥。《七发》：客曰："龙门之桐，高百尺而无枝。中郁结之轮菌，根扶疏以分离。上有千仞之峰，下临百丈之溪。湍流溯波，又澹淡之。其根半死半生。冬则烈风漂霰、飞雪之所激也，夏则雷霆、霹雳之所感也。朝则鹂黄、鸟鸣焉，暮则羁雌、迷鸟宿焉。独鹄晨号乎其上，鹍鸡哀鸣翔乎其下。于是背秋涉冬，使琴挚斫斩以为琴，野茧之丝以为弦，孤子之钩以为隐，九寡之珥以为约。使师堂操《畅》，伯子牙为之歌。歌曰：'麦秀蕲兮雉朝飞，向虚壑兮背槁槐，依绝区兮临回溪。'飞鸟闻之，翕翼而不能去；野兽闻之，垂耳而不能行；蚑、蟜、蝼、蚁闻之，拄喙而不能前。此亦天下之至悲也，太子能强起听乎？"太子曰："仆病未能也。"

081

绕着沉睡在地下的银龙的胡须。有一天，一个神通广大的术士路经这里，用这棵树做了一张奇妙的古琴。但是，这张古琴有着倔强的脾气，非伟大的琴师不能驯服。很长一段时间，这张古琴被珍藏在中国皇帝的手里。所有试图在琴弦上弹奏出音乐的人，一个接一个地，都失败了。这张琴用与他们喜爱的歌曲不合拍的轻蔑的噪音来回答他们极大的努力。这张古琴不肯被琴师驯服。

终于，古琴圣手伯牙出现了。他用温柔的手抚弄着琴身，用指尖轻叩琴弦，就像要驯服刚烈的野马。他歌唱自然和四季，歌唱高山流水，古桐树所有的记忆都苏醒了！柔和的春风重又在古桐的枝头嬉戏。解冻了的奔流欢跃着流过峡谷，朝着含苞欲放的花蕾发出欢笑。接着，这样那样的昆虫、淅淅沥沥的细雨、悲啼的杜鹃奏出了夏日如梦般的音乐。听！一声虎啸——峡谷在回应。这是孤寂的秋夜。寒若剑光的月亮映照着霜染的秋草。冬天到了，雁群盘旋于飞雪的高空，欢快的冰雹噼噼啪啪地打在古桐树枝上。

然后，伯牙变调，开始歌唱爱情。琴声摇曳，像热烈的恋人在深深地思念。天空中，洁白的云朵像高傲的少女飘拂而过，而长长的阴影失望似的拖在地面上。伯牙再次变调，开始歌唱战斗，刀剑铮铮，马蹄哒哒。琴声中，龙门风雨大作，银龙乘着闪光飞腾而上，山崩地裂，群山雷鸣作响。中国的君王大喜，他向伯牙询问成功的秘诀。"陛下，"伯牙回答说，"那些失败了的人是因为他们只歌唱自己，而我却任随古琴去选择它要歌唱的主题，因此连自己也分不清是琴弹伯牙，还是伯牙弹琴了。"

这个故事充分地说明了艺术鉴赏的秘密。一个杰作是一首演奏在我们美好的心弦上的交响乐。真的艺术便是伯牙，我们则是龙门的古琴。当美的魔杖触到了我们隐秘的心弦，我们的心弦便苏醒了。我们便颤动着应和美的呼唤。灵魂和灵魂交谈。我们于无声中静听，于无色中凝视。大师在我们心中奏出了我们不曾知道的曲调。早已忘却的记忆带着新的含义全都回到了我们心中。被恐惧窒息的希望，我们不敢正视的渴求，都出现在新的灵光中。我们的心灵是画家作画的画布，色彩则是我们的感情，明暗是快乐的光辉和忧愁的阴影。杰作存在于我们之中，正像我们存在于杰作之中一样。

　　艺术鉴赏所必需的同情心的交流，必须基于相互谦让。就像艺术家必须知道如何传递信息一样，为了接受信息，观赏者必须培养一种适当的态度。茶的大师小堀远州，自己身为大名，却留给了我们这样难忘的话："当你走近一幅伟大的绘画，就像走近一位伟大的帝王一样。"为了理解杰作，你必须躬身于它的面前，平心静气地等待它的一言一语。一位著名的宋代批评家曾作过一番颇有深意的表白："在我年轻的时候，我赞赏画出了令我喜爱的绘画的大师。但是当我的鉴赏力成熟了以后，我则赞赏我自己。因为我所喜爱的，正是大师们为了令我喜爱而选择的作品。"[1]然而我们之中竟很少有人真正下功夫去研究大师们的心情，这实在是令人悲叹的事情。由于愚顽不化，我们拒绝向他们施行如此简单的礼仪，因此，我们常常看不见我们面前的美的丰盛宴席。大师在不断地奉献，而由于我们缺乏鉴赏力，所以我们总是忍饥挨饿。

对于有同情心的人，杰作变成了活生生的现实，你会感到和它有着伴侣似的关系。大师们是不朽的，因为他们的爱和忧愁在我们的心中生生不息。他们所显示出的灵魂高于才能，人格高于技巧——他们的呼唤越是具有人性，在我们的心中所引起的回响就越是深沉。正是因为我们和大师之间有着这种默契，我们

---

1 本段引文或许出自北宋时期的山水画家范宽（950—1032）名言："师古人不如师造化，师造化不如师心源。"这是中国书画理论的核心。

才在小说和诗歌里，同男女主人公一起分享欢乐和痛苦。被誉为"日本的莎士比亚"的近松[1]认为，戏剧创作的首要原则，是把观众当作知心来对待。他的几个弟子把自己的作品提交给他，希望得到赞许，但是只有一部作品得到了他的认可。这是一部多少类似于喜剧《一错再错》[2]的戏剧。喜剧《一错再错》描写一对双生子由于被搞错而经历的曲折。近松说："只有这部戏剧具有戏剧固有的精神。因为它考虑到了观众。它允许观众比演员知道得更多。观众知道什么地方出了差错，因而为舞台上那些无辜地受命运摆布的可怜人感到悲哀。"

为了引观众为知己，东方和西方的伟大艺术家们都不曾忘记"暗示"这一技巧的价值。谁能面对一部杰

---

1 近松，即近松门左卫门（1653—1724），日本江户时代歌舞伎脚本、净琉璃唱词作家。原名杉森信盛，生于武士家庭。作品约有一百五十种，多取材于封建战史、贵族小说、日本和中国的神话故事。
2 莎士比亚的喜剧。

作，却不对心灵中涌现出的绵绵不绝的思想肃然起敬呢？这些思想，我们那么熟悉，那么富于同情心，相形之下，现代的平凡之作又是多么冷漠！前者使我们感到从人心中涌出的暖流，而后者只会使我们感到作者在摆弄形式。现代人沉湎于技巧，而难能超脱自己。就像那些故弄玄虚地摆弄龙门古琴的琴师一样，他们歌唱的只是他们自己。他们的作品也许近乎科学，却远离人性。日本有一句俗话，叫作"别去爱自满的男人"。意思是说，他的内心没有一点儿地方可以容纳爱。在艺术上也是一样，不论对艺术家，还是观众，虚荣都是同情心的大敌。

　　没有什么比在艺术中得到的精神共鸣更加神圣的了。在相遇的瞬间，艺术的挚爱者超越了自己。他既存在，又不存在。他瞥见了"无穷"，但是却不能用语言表达他的喜悦，因为眼睛是不能说话的。他的精神从物质的羁绊中解放出来，按照万物的韵律跃动。就是这样，艺术接近了宗教，并使人类变得高尚。就是这样，杰作才辉映在灵光之中。过去，日本人对伟大的艺术家的作品非常崇拜。茶人们怀着宗教的虔诚保存着他们的宝物，他们往往要一个接一个地打开多重的匣柜才能看到神龛——包藏圣物的柔软的绸缎。除了门人，很难有人能看到这些宝物。

在茶道的兴隆时期，作为战功的褒赏，太阁的将军们喜爱稀世的艺术作品甚至超过大片的领地。我们的许多深受欢迎的戏剧都是以著名杰作失而复得为主题的。例如，在一个戏剧中，由于站岗武士的疏忽，细川侯[1]的宫殿——那里保存着雪村所作的著名的达摩像——突然起火了。武士决心不顾任何危险去救出这件珍贵的作品，他冲进烈焰腾腾的宫殿，找到了这件

---

1 细川侯，即细川忠兴（1563—1645），安土桃山时代的武将，幽斋之子。先随织田信长，后从丰臣秀吉。1620年剃发为僧，号三斋宗立。通和歌、典故，好茶道。

作品，但他发现所有的出路都被烈火切断了。这时，他想到的只是这幅画，他抽出长剑剖开自己的身体，用撕开的衣袖包住绘画，塞进自己剖开的伤口里。火终于熄灭了。人们在烟气腾腾的灰烬中发现了一具半焦的尸体，这具死尸里藏着那件免于火灾的宝物。这种故事令人毛骨悚然，但它不但表现出忠实的武士的献身精神，也表现了我们对杰作的珍重。

但是，我们绝不要忘记，艺术具有的价值只在于它感染我们的程度，如果我们的同情心无所不在，那么艺术也许是一种宇宙语言。我们有限的天分，传统和习俗的力量，还有我们所继承的本能，限制了我们艺术享受能力的视野。在某种意义上说，我们的个性也束缚了我们的理解力，我们的审美个性只在过去的艺术作品中寻求共鸣。确实，修养丰富了我们艺术鉴赏的感觉，我们才可能欣赏许多迄今为止还未被我们认识的美的表现。然而，我们在宇宙中看到的终究只是我们自己的形象——我们独特的个性决定着我们的理解方式。茶人们严格地按照他们个人的欣赏尺度来收集艺术。

在这一方面，我们想起了小堀远州的故事。远州由于在选择收藏品方面表现出的令人钦佩的鉴赏力而受到门徒们的赞叹。他们说："每一件收藏品都不能不让人称赞。这就显示出你比利休有更高的鉴赏力，因为他的收藏品只被千分之一的人欣赏。"远州悲叹道："这只证明了我是多么的凡俗。伟大的利休敢于喜爱那些只吸引他个人的作品，而我却无意识地迎合了大多数人的趣味。确实，利休是大师中千里挑一的啊。"

实在令人遗憾的是，如今，表面上的艺术狂热大都不是基于真正的感情。在我们这个民主主义时代，人们论争的是什么被普遍认为是最好的，他们绝不考虑到自己的感情。他们要的是值钱的东西，而不是精美的东西，是时髦的东西，而不是美的东西。对于民众来说，插图杂志——他们的工业主义的可贵产品——比他们假装崇拜的早期意大利，或者足利时代的艺术，在艺术享受方面可以提供更易于消化的食物。对他们来说，艺术家的名字比作品的质量更为重要。这正如几个世纪以前的一位中国批评家所说的，人们是靠耳朵去批评一幅画的[1]。现今，正是由于缺乏真正的鉴赏，我们才到处碰到恶劣的仿古倾向。

另一个常犯的错误，是艺术与考古的混淆。对于文物的崇敬之情是人最美好的天性之一，并且我们愿意将它发扬光大。以往的大师们开辟了通向未来文明的道路，因此理应受到尊敬。他们成功地经过了几个世纪的批评，身披荣光来到我们面前，这件事本身就令我们赞叹。但是，如果我们仅仅因为年代久远而高度评价他们的成就，我们就犯了大错误。这样，我们

1　这一提法在古代画论中极多，较具代表性的，有明代董其昌《画旨》："人须自具法眼，勿随人耳食也。"

就使历史同情心凌驾于审美鉴赏力之上。当艺术家安全地睡在坟墓里，我们才献上赞赏的鲜花。而孕育了进化论的十九世纪，更使我们有了重视种族而忽视个人的习惯。收藏家渴望得到一些样板来说明某一时期或某一流派，却忘记了一部杰作比某一时期或某一流派的大量平庸之作教给我们的东西多得多。我们对分类过于重视，艺术享受反而太少。为了所谓的科学陈列法而牺牲审美，这是许多博物馆的弊端。

在任何基本的生活方式中都不能忽视同时代艺术的要求。今天的艺术才真正是属于我们的：它是我们自身的反映。我们谴责它也就是谴责我们自己。我们说现时代没有艺术，那么谁来负这个责任呢？只对古人狂热崇拜，而不对我们自己的可能性加以注意，这实在是一个耻辱的现象。彷徨于冷嘲的阴影中的疲惫不堪的灵魂们啊，奋斗着的艺术家们！在我们这个以自我为中心的时代，我们给了这些艺术家什么样的鼓励呢？古人将哀怜我们的文明的贫乏，后人将嘲笑我们的艺术的荒芜。我们正在毁灭生活中的美，因而我们也正在毁灭艺术。但愿出现一位伟大的魔术师，用社会这一树干制作出一架神奇的古琴，让天才们的手奏响它的琴弦吧。

花

置身于春天灰蒙蒙的黎明中，倾听小鸟在林间神秘地低语，你怎能不觉得它们是在和情侣谈论着花呢？其实，对于人类来说，赏花和爱情诗是同时出现的。还有什么比鲜花的无意识的甜美，默默无言的芳香更能使我们想到灵魂的袒露？原始人把第一个花环献给他的姑娘，由此从兽性中超脱出来。他正是这样超脱了本性的野蛮的需要才变成了人。当他懂得了无用之物的微妙的用途，他便走进了艺术王国。

　　无论在欢乐时，还是在悲伤中，花永远是我们的朋友。我们吃喝、唱歌、跳舞，乃至谈情说爱，都离不开花。我们在婚礼和施洗礼的时候都不能没有花。没有花，葬礼都无法进行。礼拜时，我们手捧百合；

冥想时，我们伴着莲花；装点着玫瑰和菊花，我们在战场上列阵冲杀。我们甚至企图用花作语言来说话。没有花我们将如何生活下去？一个没有花的世界会使人感到恐怖。鲜花为病人带来多大的安慰？为疲倦的灵魂带来多少喜悦之光？它那宁静的温柔恢复了我们对宇宙的微弱信念，就像漂亮的孩子那热切的注视唤醒了我们忘却了的希望一样。当我们沉睡在泥土中的时候，是鲜花在我们的墓边悲伤地流连。

可悲的是，尽管和花结成了朋友，我们并没有完全脱离兽性。这是不可掩盖的事实。揭开羊皮，隐藏在我们内心的狼便立刻露出牙齿。人们常说，人在十岁是动物，二十岁是疯子，三十岁是失败者，四十岁是骗子，五十岁是罪人。也许正因为人永远不可能脱离兽性，所以才是罪人。对我们来说，除了饥饿以外，再没有什么是真实的；除了我们自己的欲望以外，再没有什么是神圣的。神殿在我们的面前一个接一个地倒塌了；但是却有一个祭坛永远地保存下来，那里供着我们焚香礼拜的至高无上的偶像——我们自己。我们的这个神是伟大的，金钱是他的先知！我们破坏自然是为了向他纳奉。我们因征服了物质而骄傲，却忘记了正是这物质使我们变为奴隶。在文化和风雅的招牌下，我们什么罪恶的勾当不干呢？

请告诉我，温柔的花朵，星星的泪珠，当你们站在花园里，向歌唱露珠和阳光的蜜蜂点头的时候，你们可曾感到即将来临的恐怖的厄运？在夏日的和风里，沉浸在梦中吧，摇摆和嬉戏吧。明天，一只冷酷的手就将掐住你的咽喉。你会被掐断，被一瓣一瓣地扯碎，你将不得不离开你安静的家园。那只手也许属于一个非常漂亮的姑娘。她会对你说，多么美的花儿啊！而此时，她的手指却沾着你的鲜血。我实在不知道，这就是仁爱吗？也许，你被扎在一个你认识的无情女人的发辫里；也许，你被插在一个男人的上衣钮眼里——如果你是人，他是绝不敢正视你的面孔的；也许被监禁在一个狭小的花瓶里，一点死水无法止住你那火烧般的饥渴，这饥渴预言着你生命的衰亡。也许这就是你的命运。

花啊，如果你生长在日本天皇的国土上，也许你会遇到一个拿着剪子和小锯的可怕的人物。他自称插花大师。他要求享有医生的权利，所以你本能地痛恨他。你知道，一个医生总是企图延长病人的痛苦。他会用切断、折弯和扭曲的方法使你变成你原来不可能长成的样子，而他却认为这种样子正是你所应该长成的。他就像整骨大夫一样，扭曲你的肌肉，使你骨节脱臼；他会用烧红了的煤炭灼烧你，为你止血；他会用铁丝插进你的身体，加快你的循环作用；他会指定你吃盐、醋、明矾，有时候还有硫酸；当你要昏迷过去的时候，他会用开水浇在你的脚上。他会感到自豪，由于他的治疗，你的寿命比原来延长了两星期或更长的时间。你难道不觉得还不如在当初被抓获的时候，一下子被杀死更好一些吗？你究竟在前世犯了什么罪，今世才受到这样的报应？

在西方社会，花的挥霍浪费甚至比东方插花大师们的处理方法所造成的更加触目惊心。在欧美，为了装饰舞厅和宴会的餐桌，今天采来明天就扔掉的鲜花不计其数。如果把它们扎在一起，大概可以围绕大陆做一个大花环。与这种对生命毫不重视的做法相比，插花大师的罪过简直算不了什么。至少，他重视节省自然资源，经过仔细的考虑才选择他的牺牲者，并对花的遗骸怀着敬意。而在西方，花的陈设是装饰富丽的一个部分，是一时的奇想的结果。盛宴结束以后，这些花的下落如何呢？没有什么比看到凋零的花被无情地扔在粪堆上更使人悲哀的了。

为什么生得这样美丽的花却遭到如此的不幸呢？昆虫有蜇人的刺，就连最温顺的兽类也会为生存而抗争。人们用鸟的羽毛来装饰帽子，然而鸟却能够飞翔以逃避猎手。你觊觎野兽的皮毛，想要据为己有，野兽却可以在你走近的时候隐藏起来。悲哉！除了蝴蝶这种有翅膀的花以外，所有的花在敌人面前都无能为力。如果花能够在垂死的痛苦中喊叫，它们的叫声也绝不会进入我们无感觉的耳朵。我们总是残忍地对待那些默默地爱着我们和为我们服务的朋友，但是总有一天，由于我们的残忍，我们将被我们最好的朋友抛弃。你难道没有注意到野花在逐年减少？也许她们中的智者告诉她们，等到人们变得更有人性时再回来。也许她们移居到天堂去了。

应该更多地赞扬花匠。拿花盆的人要比拿剪刀的人更有人性。我们欣喜地看到他们为水和日光操心，和寄生虫做斗争，因寒霜而发愁，因发芽太慢而焦急，因叶子泛出了光泽而喜悦。在东方，花卉栽培的艺术有着悠久的历史。诗人对他们所喜爱的植物的爱常常被记载在故事和诗歌中。伴随着唐宋制陶业的发展，据说一些奇妙的养花容器被制造出来，这些容器与其说是花盆，不如说是装饰着宝石的宫殿，一个个专门的侍者被安排负责看管每一枝花，并用兔毛制的柔软的刷子刷洗植物的叶子。据记载，一个盛装的美女负责洗浴牡丹，一个苍白纤弱的僧人负责浇灌寒梅。[1]日本有一部很流行的能乐[2]《盆树》，写于足利时代，讲的是一个贫穷的武士在寒夜没有柴火取暖，为了招待一位游僧，竟劈了自己精心栽培的植物。这位游僧实际上是北条时赖[3]，即日本的《一千零一夜》中的主人公，所以武士的牺牲自然得到了回报。甚至在今天，这出

1　出自明代文人袁宏道（1568—1610）《瓶史》卷下八"洗沐"条："浴梅，宜隐士；浴海棠，宜韵致客；浴牡丹芍药，宜靓妆妙女。"

2　能乐，日本剧种之一，源出猿乐。十四世纪后半叶至十五世纪经观阿弥及其子世阿弥等艺人加以改革，发展成为歌舞剧，称能乐，因其长期为贵族武士所独占，又称"武家式乐"。

3　北条时赖（1227—1263），镰仓幕府的执权，北条时氏的次子。后出家远游，体察民情。因他与《一千零一夜》的主人公有类似之处，故称《盆树》为日本的《一千零一夜》。

戏对东京的观众仍然具有极大的感染力。

　　保护柔弱的花卉需要特别地谨慎。唐朝的玄宗皇帝为了惊走飞鸟，把许多小金铃挂在御花园里的树枝上。春天，他在宫廷乐师的陪伴下，在优美的音乐声中观赏百花[1]。传说日本的《亚瑟王传奇》的主人公——义经[2]，写过一块奇妙的牌子，这块牌子现在仍旧保存在日本的一个寺院里[3]。它是一个告示，目的在于保护一棵珍奇的梅树。它表现了尚武时代的冷酷的幽默：告示在描绘了梅花的美之后说，"折枝者将受断指之罚"。但愿今天仍然施行这种法律，以惩罚那些随便破坏花草和毁坏艺术作品的人！

1　五代时文人王仁裕《开元天宝遗事》卷上"花上金铃"条："天宝初，宁王日侍。好声乐，风流蕴藉，诸王弗如也。至春时，于后园中，纫红丝为绳，密缀金铃，系于花梢之上。每有鸟鹊翔集，则令园吏掣铃索以惊，盖惜花之故也。诸宫皆效之。"
2　源义经（1159—1189），日本平安时代武士，日本人所爱戴的传统英雄之一。由于其生涯富有传奇与悲剧的色彩，在许多故事、戏剧中都有关于他的描述，在许多神社中也奉祀着源义经。
3　指须磨寺。在神户市须磨区，又称福祥寺。

即使在盆栽方面，我们也倾向于认为人是自私自利的。为什么要使植物远离故乡而让它们在陌生的环境中开花呢？这难道不像把一对鸟关进笼子却让它们唱歌、交尾一样吗？有谁体谅兰花的心情呢？它们在你的温室里，被人为的热度窒息，无望地盼望着一览自己的南国天空。

真正爱花的人是那些在花的故乡拜访花的人。像陶渊明，他坐在破旧的竹篱笆前，与野菊谈心；或者像林和靖[1]，当他流连于微明的西湖梅花丛中时，便忘情于神秘的花香之中。据说周茂叔[2]眠于船中，因此他的梦便和荷花的梦融成一体。这也正是奈良时代最有声誉的皇后之一，光明皇后[3]，所有的精神。她在诗歌

1 林逋（967—1028），字君复，后人称和靖先生，北宋大里（今奉化）人。善诗书，未婚娶，隐居钱塘（今杭州）孤山，植梅养鹤，故有"梅妻鹤子"之说。
2 周敦颐（1017—1073），字茂叔，谥号元公，北宋道州营道（今湖南道县）人。著有《太极图说》《通书》等，为宋学的开山祖师。
3 光明皇后，圣武天皇的皇后藤原安宿媛（701—760），又名光明子，不比等的女儿，孝谦天皇的母亲。笃信佛教，设立悲母院、施药院救济穷人。

中写道：

> 花木本佛体，枝叶如手臂。
>
> 劝君莫采摘，敬花如敬神。[1]

让我们别太伤感。让我们少些奢华，多些高尚情趣吧。老子曰："天地不仁。"[2]弘法大师说："生生生生暗生始，死死死死冥死终。"[3]我们无处不面临着毁灭。上是毁灭，下是毁灭，前是毁灭，后是毁灭。只有变化是永恒的——所以，为什么不像欢迎生那样欢迎死呢？它们只是相对的，它们是梵天的昼和夜。只有旧的瓦解了，再创造才有可能。我们在各种各样的名义

---

1 这段和歌实际上出自僧正遍昭的《后撰集·春下》，天心在《东方的理想》中亦误以为是光明皇后所作，应是记忆偶误，嫁接至此。

2 出自《老子·虚用第五》："天地不仁，以万物为刍狗。"

3 弘法大师，即空海（774—835），俗名佐伯真鱼，灌顶名号遍照金刚，谥号弘法大师，日本佛教真言宗创始人。曾至中国学习唐密，传承金刚界与胎藏界二部纯密，惠果阿阇梨授其为八代祖。此句摘自弘法大师《秘藏宝钥》序。

下崇拜着"死"这位无情的慈悲之神。拜火教崇拜火中吞吃一切的影子。日本的神道甚至在今天还崇拜着剑魂[1]的冰冷的纯粹主义。神秘的火烧光我们的软弱，神圣的剑斩断束缚着我们的欲望之缰。从我们的灰烬中飞出凤凰——天国的希望，只有在自由王国才能实现更高的人格。

摘花如果可以使我们进化到改善世俗观念的新形态中去，那么为什么不这样做呢？我们只要求它们也像我们一样为美而牺牲。我们将用为"纯粹"和"简朴"而献身来为我们的行为赎罪。茶人正是以此为理由建立了花道的。

任何一个了解我们的茶道大师和花道大师做法的人，都一定注意到了他们对花怀着的宗教式的尊敬。

---

1 日本神道教传说中的三神器，即天丛云剑、八坂琼勾玉、八咫镜，均象征着权力与征服。天心在《东方的理想》中，将日本传统文化特质提炼为"剑魂"，即纯洁、明澄的精神，将外来文化如锻剑般融合于烈焰，而又形成冰雪一般冷严的气质。

他们绝不随便摘取一枝一叶，而是根据他们的艺术构思进行精心的选择。一旦他们剪掉的枝叶超出了绝对需要的范围，他们便感到耻辱。在这一点上，可以说，如果有叶子的话，他们总是把叶子与花朵联系起来考虑，因为他们的目的是表现植物生命的整体美。在这一方面，正如在其他方面一样，他们的方法不同于西方诸国采取的方法。在西方，我们常常看到一束束花梗，就像是没有躯体的脑袋乱七八糟地插在花瓶里。

当花道大师对自己的插花感到满意了，他便把自己的作品摆在壁龛里，这里是日本房间内最尊贵的地方。有碍插花效果的任何东西都不会被摆在花的附近，甚至包括绘画，除非画与花的组合形式中有什么特殊的审美理由。花摆在那里，像一位登极的太子，客人和弟子们在进入茶室的时候，在问候主人之前，要深深地向花鞠躬以表敬意。为了教导插花的爱好者，印有插花杰作的画册被制作出版。以插花为主题的著作也是相当浩繁的。当花凋谢了的时候，大师或小心地把它们托付给流水，或仔细地把它们埋于地下。有时候甚至立碑纪念它们。

大约在十五世纪，插花艺术与茶道同时诞生了。日本的传说中有插花始于古代的佛教徒的记载。佛教徒怀着对一切生灵的无限怜悯把被暴风吹落的花枝收集起来，插进盛着水的花瓶里。据说足利义政时代的伟大画家和鉴赏家相阿弥[1]就是最早的插花大师之一。茶人珠光[2]是他的一个弟子。同是弟子的还有专能[3]，他是池坊派[4]的奠基人，池坊派在插花史上的显著地位正

1　相阿弥（？—1525），室町后期的画家，名真相，号松雪斋、鉴岳。与能阿弥、艺阿弥三代服务于将军义政。画风受牧溪的泼墨法影响。又是插花和香道的名家。
2　村田珠光（1423—1502），室町时代的茶人，名茂吉，奈良人，称名寺的僧人，师从大德寺的一休。受到足利义政将军的宠爱，被尊为茶道的祖师。
3　专能，战国时代池坊花道的创立者。所著《花传书》对插花理论的形成起过重要的作用。
4　池坊派，日本现存最古的插花流派。室町中期京都洛中顶法寺的池坊专庆开此流派，桃山末期江户初期的池坊专好使其大成。

如狩野派[1]在绘画史上一样。在十六世纪后半叶，随着利休完善了茶的仪式，插花亦得到充分的发展。利休及其后继者，著名的织田有乐[2]、古田织部[3]、光悦[4]、小堀远州、片桐石州[5]等人，竞相探求花道与茶道之间新的组合。但是我们不会忘记，茶人对花的崇拜只构成了他们的审美仪式中的一个部分，它本身也不是一个独立的宗教。插花像茶室里的其他艺术作品一样，从属于装饰的整体方案。因此，石州规定了，当花园里有积雪的时候不能使用白梅花。茶室里必须毫不客气

1 狩野派，由狩野正信（1434—1530）开创的画派，室町后期始创，极盛于江户时代。
2 织田有乐（1547—1621），织田信长之弟，名长益。隐居于堺、京都等地，有名的茶人。
3 古田织部（1543—1615），安土桃山时代的茶人，名重然，美浓人，千利休的高足，茶道织部流的祖师。先与丰臣秀吉友善，后为德川家茶道御师。晚年自杀。
4 光悦，即本阿弥光悦（1558—1637），江户初期的艺术家，京都人。刀剑鉴定家、书道家，宽永三笔之一，精绘画、制陶，同时还是有名的茶人。
5 片桐石州（1605—1673），江户初期的石州流茶道的始祖，名贞昌，师从桑山宗仙，亦精通古物鉴定。

地排除"鲜艳夺目"的花。一个茶人的插花作品如果离开了被设计时所处的环境，也就失去了它的意义，这是因为，它的线条和比例都是根据它周围的环境特别设计的。

为花而崇拜花是始于十七世纪中叶花道大师开始出现的时候。现在的花脱离了茶室，除了花瓶的要求以外，再无其他法则可循。新观念和新方法的采用成为可能的事情，由此产生出许多原则和流派。十九世纪中叶的一位作家说，他可以数出一百多种插花的流派来。广义地说，这些流派分成两大类，即形式派和写实派。以池坊派为中心的形式派，以相当于狩野学院派的古典理想主义为原则。我们有这一派早期大师的插花记录，他们几乎重现了山雪[1]和常信[2]的花绘。另

1　山雪，即狩野山雪（1589—1651），又名平四郎，号蛇足轩。江户前期的画家，狩野山乐的养子，代表作《长恨歌画卷》。

2　常信，即狩野常信（1636—1713），江户前期的画家。狩野尚信的长男，通称右近。号养朴、古川叟。狩野派的一代宗师。

一方面，写实派，正如其名所示，以自然为模特儿，为了更好地表现艺术统一，只对形式做一些修改。因此，我们认为创造写实派作品的冲动也正是创造浮世绘[1]和四条派[2]绘画的冲动。

如果我们有时间更详尽地讨论这一时代的各个插花大师的创作原理及其细节，阐明德川时代的装饰风格的基本原理，这会是饶有兴味的。我们将发现，他们提出了主导原理（天）、从属原理（地）和调和原理（人），并且认为任何一件插花作品，如果不能体现这些原理，都将是枯燥的和缺乏生命的。他们还详尽地论述了区别对待花的三种不同形象——正式、半正式、非正式——的重要性。第一种可以说是给花披上了舞

1　浮世绘，日本德川时代（1603—1867）兴起的一种民间绘画。"浮世"是现世的意思，绘画题材多为民间风俗、俳优、武士、游女等，具有鲜明的日本民族风格。
2　四条派，日本画派名，以江户时代住在京都四条的松村吴春（1752—1811）为始祖，占据着幕末、明治时代京都画坛的中心位置。

会间庄重的服装，第二种是闲适优雅的下午服装，第三种则是闺房中所穿的颇具魅力的睡衣。

至于我们，对茶人的插花比对插花大师的插花更为关心。茶人插花的艺术性在于适当的配置，并使我们感受到它与生活的密切关系。为了与写实派和形式派区别开来，我们称这一派为自然派。茶人认为他们的责任只在于选花，他们让花自己去讲述自己的故事。冬末进入茶室，你会看到纤细的野樱枝伴着正在抽芽的山茶，它们是将逝的冬季的挽歌和新春的预言。如果你在夏日酷暑的中午进入茶室，你会在壁龛的阴凉中发现吊着的花瓶中有一枝滴露的百合，仿佛在嘲笑人生的愚笨。

花的独奏曲颇有意味，加上绘画和雕刻的协奏曲也很迷人。石州曾经把一些水草放在浅盆里，使人想起湖泊和沼泽中的植物，上面的墙上挂着相阿弥所作的野鸭横空的绘画。另一个茶人绍巴[1]，用一只渔家茅屋形状的铜香炉和海边野花，与一首抒写海边孤寂之美的和歌相配合。一个客人曾说，他从这首协奏曲中感到了晚秋的气息。

　　让我们用一个故事来结束这永远也讲不完的花的故事吧。在十六世纪，牵牛花在日本还是一种稀有的植物。利休在自己的花园里种满了牵牛花，并且十分细心地照料着它们。利休的牵牛花的声名传到了太阁的耳朵里，他传话说想要观赏利休的牵牛花，于是利休邀请太阁在约定的日子到自己家里来喝早茶。这一天，太阁走进了花园，但是他连牵牛花的影子都没有见到。土地被平整过，铺上了美丽的石子和细砂。这位暴君怀着愠怒进了茶室，但是，迎面的一幅景象平息了他的怒气。壁龛里，在一个珍贵的宋代铜器中有

1　绍巴，即里村绍巴（1524—1600），原姓松村。南都人，足利末年的连歌师。为连歌十名人的代表者。茶道师从千利休，很受丰臣秀吉的赏识。

114

一支牵牛花，它是整个花园中的女王。

我们从这些事例中了解到了"花御供"（Flower Sacrifice）的全部意义。也许，花也领会了其中的全部意味。它们并不像人那么卑怯。有些花为死而自豪——确实，日本樱花就是这样，当它们随风自由飘落的时候。不管是谁，当他站在吉野或岚山的漫天飞花的香气中，一定会懂得这个道理。樱花像镶嵌着宝石的云在空中盘旋着，在水晶般的溪流上舞着，然后随欢笑的水花漂向远方，它们仿佛在说："再见吧，春天！让我们踏上永恒的征途。"

茶道大师

在宗教里，未来在我们的身后。在艺术中，现在即是永恒。茶道大师们认为，真正的艺术鉴赏只对那些把艺术看作一种生命力的人才是可能的。这样，他们才力求用从茶室得来的高标准的美来规范他们的日常生活。在任何场合，他们将保持精神的平静，他们的谈吐永远不会破坏周围的和谐。服装的式样和颜色，举止和步态都会表现出艺术的人格。这些都是不可轻视的事情，因为一个人只有使自己美，他才有权利接近美。因此，茶道大师首先努力使自己成为艺术，而不是艺术家。这就是审美主义的禅。完美无处不在，只要我们愿意去认识它。利休喜欢引用这样一首古诗：

世人只道花开好，却不见雪压山峦发春草。[1]

茶道大师对艺术的贡献是多方面的。他们彻底革新了古典建筑和室内装饰，建立了我们在前文里所描绘的新风格，十六世纪以后所建的宫殿和寺院甚至都受到了这种风格的影响。多才多艺的小堀远州留下了表现了他的天才的著名建筑物，如桂离宫、名古屋城和二条城，还有孤篷庵寺院。日本所有著名的庭园都是茶人们设计的。如果这些大师的精神没有影响到日本陶器的制造，那么我们的陶器永远不会达到这么优秀的品质，茶的仪式所要求的器皿致使我们的陶器师傅发挥了极大的创造力。远州的"七窑"[2]是日本陶器

1　藤原家隆所作。藤原家隆（1158—1237），镰仓时代初期的公卿、歌人，《古今和歌集》的撰者之一。

2　远州七窑，宽永至正保年间（1624—1648），在小堀远州的指导下烧制的七个陶窑的总称。一般包括远江的志户烧、近江的膳所烧、山城的朝日烧、大和的赤肤烧、摄津的古曾部烧、丰前的上野烧、筑前的高取烧。

研究者无人不晓的。我们的许多纺织品都是以设计了它们的颜色和图形的茶人的名字命名的。实在难以找到一个艺术门类不印着茶人的天才的印迹。在绘画和漆器方面论述他们所作的巨大贡献几乎显得画蛇添足。最伟大的一个画派就是由茶人本阿弥光悦开创的，同时，他还是著名的漆器艺术家和陶器制造家。和他的作品相比，他的孙子光甫[1]，甥孙光琳[2]、乾山[3]的优秀作品相形见绌。正如常说的，整个光琳派是一种茶道表现。在这一派的作品的粗犷线条中[4]，我们似乎感到了自然本身的生命力。

茶人们在艺术领域的影响如此巨大，然而若与他

1　本阿弥光甫（1601—1682），光悦的养子、光瑳的长男。多才多艺，尤精陶器制作。
2　尾形光琳（1658—1716），江户中期的画家，乾山的哥哥，京都人。初受狩野派影响，后为光悦、宗达的装饰画风所倾倒，开创华丽的画风，人称光琳派。
3　尾形乾山（1663—1743），江户中期的陶工，京都人，光琳的弟弟。釉法学光悦、仁清，后别出新意。书道学父亲宗谦，绘画学光琳，烧制的陶器深受茶人喜爱。
4　原文 "broad lines"，意指"没骨画法"，即不用墨线勾勒轮廓的绘画技法。

们在人生观方面的影响相比，就算不了什么了。从上流社会的生活习惯，到所有家庭琐事的处理方法，我们无不感到茶人的存在。我们的许多配膳法就像我们的烹调术一样，都是他们的发明。他们教导我们只穿色泽朴素的衣服。他们教导我们接触花时应有的精神。他们强调我们天性中的爱好简朴之心，并且告诉我们谦逊之美。实际上，正是由于他们的教导，茶才进入了人民的生活之中。

在被我们称作生活的这个因充满愚昧的烦恼而动荡不息的大海上，那些对正确地把握自身存在的诀窍一无所知的人，尽管他们妄图显得幸福而满足，却永远处于不幸的状态之中。我们摇晃着试图保持道德上的平衡，却在地平线上飘浮着的云层里看到了暴风雨的征兆。但是，在席卷一切奔向永恒的巨浪之中却存在着快乐和美。为什么不和这快乐和美融为一体呢？或者像列子那样乘风而去呢？

只有和美一起生活的人才能死得美丽。伟大的茶人的临终，就像他们的一生，充满了美的极致。他们寻求与宇宙天籁的永久和谐，因此，他们随时准备着进入永恒的世界。利休的"临终茶仪式"作为悲壮的极点将与世永垂。

利休和太阁秀吉之间有着长久的友谊，而且这位杰出的武将曾高度评价茶人利休。但是与暴君的友谊永远是一种危险的荣誉。当时所处的时代充满着背信弃义的行为，人们甚至不能信任自己的近亲。利休从不是一个奴性十足的谄媚者，他常常持有与他的残暴的庇护人不同的意见。利休的敌人利用利休与太阁之间不时出现的冷漠，控告他参与密谋毒杀太阁的行为。有人密告秀吉说，茶人为他准备的一杯绿茶里放有足以致命的毒药。单是秀吉的怀疑就可以构成足够的理由立刻将茶人处死，除了服从暴君的意志，绝无申诉的余地。死囚只享有一个特权——自杀的光荣。

利休在决定自杀的这一天邀请了他的几个主要弟子举行了临终茶仪式。客人们满怀悲痛，在约定的时刻集合在门廊里。他们向庭园的甬道望去，树木在战栗，沙沙的树叶仿佛无家可归的阴魂在悄声低语，灰色的石灯笼仿佛庄严的卫士守卫着地狱之门。这时，从茶室飘来一丝奇异的熏香，它在邀请客人们进入茶室。客人顺次进入茶室，一一就座。壁龛里挂着一幅论及万物皆空的绝美的字，它出自一位古代僧人的手笔。火钵上沸着的壶水发出响声，仿佛秋蝉在悲吟逝去的夏天。不久，主人进入茶室。他一一为客人进茶，客人们默默地顺次啜饮，最后轮到主人喝茶。根据既定的规矩，由一位主宾提出参观茶器的请求。利休便把各种器具连同挂轴摆在他们面前。客人们表示了对它们的美的赞赏之后，利休将它们作为纪念品一一赠给在座的伙伴们。只留下一个茶碗。"被不幸的人的嘴唇玷污了的茶碗不应再叫别人使用。"他这样说着，把茶碗打碎了。

仪式结束了，客人们泪流满面，作了最后的诀别，便离开了茶室。只有一个最亲密的弟子被挽留下来作临终的见证人。利休脱下自己的茶仪服装，仔细地在席上叠好，然后拿出一直深藏着的赴死时穿的洁白无瑕的长袍。他柔情地望着闪着寒光的短剑，吟咏了他的绝唱：

> 人生七十，
>
> 力围希咄。
>
> 吾这宝剑，
>
> 祖佛共杀。[1]

利休含笑步入了永恒的世界。

---

1 出自《茶话指月集》："人生七十，力围希咄。吾这宝剑，祖佛共杀。今拔此具足太刀，将我身抛掷回天。"天心引用时只取了前四句。

附录

茶道流传系谱

茶道流传系谱

村田珠光〈宗陈 宗悟〉

能阿弥－空海－北向道陈 〉千 利休

千利休
　　圆乘坊宗圆
　　薮内剑仲（薮内流）→至猗猗斋

千道安
　　古田织部（织部流）
　　细川三斋（三斋流）
　　织田有乐（有乐流）
　　少庵宗淳＝元伯宗旦
　　南坊宗启（南坊流）

金森可重＝金森宗和（宗和流）
桑山宗仙－片桐贞昌（石州流）＝

小堀宗甫（远州流）→至小堀宗庆

一翁宗守（官休庵流）＝
江岑宗左（表千家流）＝
藤村庸轩（庸轩流）↓
山田宗徧（宗徧流）↓
杉本木斋·普 斋 流）＝
仙叟宗室（里千家流）＝

松浦镇信（镇信流）↓
清水道闲（道闲派）↓
藤林宗源（宗源派）↓
片桐贞房 ↓
大西闲斋 ↓

怡 溪（怡溪派）→ 伊佐幸琢 ↓
　　　　　　　　松平不昧（不昧流）

大口恕轩（大口派）

文叔宗守
随流良休
觉觉原叟 ＝ 如心天然 ＝ 啐啄叫翁 → 至即中斋
　　　　　　　　　　　川上不白（不白流）↓
久田宗全（久田派）↓
堀内仙鹤（堀内派）↓ 至兼中斋
松尾宗二（松尾派）↓
三谷宗镇（宗镇流）

不休常叟 ＝ 六闲泰叟 ＝ 竺叟宗乾 ＝ 又玄一灯 ↓ 不见石翁 → 至鹏云斋
　　　　　　　　　　　　　　　　　　　速水宗达（速水流）

注：
＝主脉
→支脉
↓远承

131

代	斋号	名	年	岁
七代		竺叟宗乾	享保十八年	二五岁
八代		又玄斋一灯	明和八年	五六岁
九代		不见斋石翁	享和元年	五六岁
十代		认得斋柏叟	文政九年	五七岁
十一代		玄玄斋精中	明治十年	六八岁
十二代		又妙斋直叟	明治六年	六五岁
十三代		圆能斋铁中	大正六年	六五岁
十四代		淡淡斋宗室	大正十三年	五三岁
十五代		鹏云斋宗室	昭和三十九年	七二岁 当主

◆武者小路千家

代	斋号	名	年	岁
流祖	官休庵 利休庵	利休宗易		
二代		少庵宗淳		
三代		元伯宗旦		
四代		似休斋一翁	延宝三年	八三岁
五代		文叔宗守	宝永五年	五一岁
六代		静静斋真伯	延享二年	五三岁
七代		直斋堅叟	天明二年	五八岁
八代		一啜斋休翁	天明九年	七六岁
九代		好好斋仁翁	天保六年	四一岁
十代		以心斋全道	天保六年	六二岁
十一代		一指斋一叟	明治三十四年	五一岁
十二代		愈好斋宗守	明治三十一年	六五岁
十三代		有邻斋宗守	昭和二十八年	当主

本表格摘自《利休幽斋三斋的茶道具名品展》，每日新闻社，1977

茶道家元要览

◆表千家

代	名	没年	享年
流祖	不审庵 利休宗易	天正十九年	七〇岁
二代	少庵宗淳	庆长十九年	六九岁
三代	元伯宗旦	万治元年	八一岁
四代	逢源斋江岑	宽文十二年	六〇岁
五代	随流斋良休	元禄四年	四二岁
六代	觉觉斋原叟	享保十五年	五三岁
七代	如心斋天然	宝历元年	四六岁
八代	啐啄斋吥翁	文化五年	六五岁
九代	了了斋旷叔	文政八年	五一岁
十代	吸江斋祥翁	万延元年	四三岁
十一代	碌碌斋瑞翁	明治四十三年	七四岁
十二代	惺斋敬翁	昭和十二年	七五岁
十三代	即中斋宗左	当主	

◆里千家

代	名	没年	享年
流祖	今日庵 利休宗易		
代外	眠翁道安		
二代	少庵宗淳	庆长十二年	六二岁
三代	元伯宗旦		
四代	仙叟宗室	元禄十年	七六岁
五代	不休斋常叟	宝永元年	三二岁
六代	六闲斋泰叟	享保十一年	三三岁

茶器与花器

※ 本书图注部分的译者为遥岚

十六世纪之前，在日本茶道发展初期，日本茶人最为推崇的是唐物茶碗，其时最为尊贵的茶碗即是来自中国的天目茶碗。十六世纪之后，日本茶道开始转型，"侘茶"之道诞生，茶人转而追求素朴的高丽茶碗。在"侘茶"的发展期，千利休指导乐长次郎烧制了"乐茶碗"，乐茶碗将利休"和敬清寂"的美学观发挥得淋漓尽致，日本茶碗逐渐过渡到本土烧制的"和物茶碗"时期。

凤凰唐草青贝天目台

中国·明代

冈山美术馆藏品

天目台即天目茶碗的台座，天目茶碗十分珍贵，天目台正是用以彰显其时人们对天目茶碗的敬重。此凤凰唐草青贝天目台为冈山美术馆所藏的"油滴天目茶碗"专用的天目台，于中国明代传入日本。青贝是一种漆艺的技法，将贝壳内侧的珍珠层取出并切割成图案，再将切割出来的图案用清漆粘贴在漆器表面。此青贝天目台青贝装饰华丽异常，纤细的唐草纹与展翅的凤凰交织，令人目眩神迷。

尺寸｜高7.8厘米，口径16.5厘米

油滴大天目茶碗

中国·宋代

因其纹理形似油滴故称油滴，属于建盏的一种，其价值仅次于同为建盏的曜变天目。此茶碗有两个特点，一为油滴有大有小，大粒的油滴分布在五处；二为其杯沿呈外翻状。在深川的《茶入茶碗写真》中没有关于它的记载，应为宝历之后传入。

尺寸｜高6.7厘米，口径18.5厘米，高台径5.6厘米

黄天目茶碗

中国·宋代

黄天目属于天目茶碗的一种，所谓的黄天目并非通体纯黄，而是在碗口的银色镶边四周隐隐透出黄色。利休曾曰："虽有胜于天目之黄天目，但不可一概而论。"此黄天目茶碗在深川亲和的《茶入茶碗写真》中有所记载，大概是在三斋时代入手。

尺寸│高7厘米，口径12.1厘米，高台径4.6厘米

所谓彫三岛茶碗，并非是三岛茶碗的一种，而是指有着三岛风格花纹的茶碗。此彫三岛茶碗的桧垣图案从碗口向内外两侧延伸，外侧有两段，内层有三段。碗的中央印着菊花的花纹，赤红色的陶胎与白镶嵌的花纹相互映衬，美丽绝伦。茶碗整体包括高台都施以半透明的釉，陶胎使用的是茶色黏土，不同的火候呈现出的变化让人惊喜。高台为兜巾高台。

尺　寸｜高6厘米，口径14.6厘米，高台径5.4厘米，
　　　　重300克
附属物｜箱：桐春庆涂、书付仙叟宗室笔
传　来｜前田家—石黑传六—林家

片身替伊罗保茶碗

藤田美术馆藏品

伊罗保可以大致分为古伊罗保、钉彫伊罗保和
黄伊罗保三大类。此片身替伊罗保可以归为古
伊罗保。箱上写有"御茶碗伊罗保火变",所谓
"火变"即窑变的意思,在烧制之前涂上两种不
同的釉料,烧成之后碗身会呈现两种不同的色
彩,也就是今日称之为"片身替"的技法。碗
内侧有白色刷毛刷过的痕迹,这也是片身替伊
罗保茶碗的特点。

尺寸 | 高6.8~7.3厘米,口径13.8~14.7厘米,高台径
　　　6厘米,同高1.2厘米,重277克
传来 | 大阪草间家—藤田家

斗斗屋茶碗是高丽茶碗的一种，以薄身薄釉为
特点。斗斗屋即鱼屋，一说因由商人斗斗屋所
持而得名，一说是因为利休在鱼店所见而得名。
此茶碗总体是淡淡的枇杷色，内侧的青色痕迹
是窑变的效果，因其釉彩纷呈的颜色就如霞光
之景，故获名"霞"。

尺　寸｜高6.6~6.8厘米，口径13.3~13.5厘米，高台径
　　　　5.5厘米，同高0.8厘米，重250克
附属物｜箱：黑涂金粉字形
传　来｜永坂三井家

粉引茶碗 铭「松平」

畠山纪念馆藏品

大名物。碗身轻薄却倍显庄严，陶胎为黑土制成，从碗沿至碗底均涂上白泥之后再整体施以一层釉，碗外侧留下的细竹叶图案是釉彩脱落部分经过烧制后形成的痕迹，形成了一道别样的风景，与此类似的作品还有"三好"和"楚白"。釉彩颇具光泽，高台下缘做得很薄，即所谓的"薄轮高台"。因从松平家（不昧）转手而来所以名为"松平"。

尺寸｜高7.5~8厘米，口径14.2~15厘米，高台径
　　　6.1厘米，同高1.2厘米，重300克
传来｜日野屋又右卫门—松平不昧—松平月潭—
　　　畠山即翁

玉子即卵，因其光滑的质感与介于乳白淡黄之间的颜色与鸡蛋相似，故称玉子手。玉子手茶碗是高丽茶碗的一种，其质感和形态与同属高丽茶碗的坚手很相似，但根据《大正名器鉴》的记载，玉子手的卵色光泽感比坚手更强。此茶碗为松平不昧的所持物，为了避免被混淆为坚手茶碗，箱上写着"和手"。

尺　寸｜高7.3~7.8厘米，口径13~13.3厘米，高台径
　　　　5.4厘米，同高0.9厘米，重295克
附属物｜箱：桐白木、书付松平不昧笔
传　来｜切八·贞八—松平不昧

高丽青瓷是指十世纪至十三世纪高丽时代在朝鲜半岛所烧制的青瓷，前期多为中国龙泉窑风格的阴刻、阳刻纹，中期以后多为镶嵌了白色、黑色的镶嵌青瓷。自古以来在日本被尊为高丽茶碗的多为朝鲜李朝前期的作品，而高丽时代的名作仅有被称为"云鹤手"的镶嵌青瓷。此高丽青瓷平茶碗是云鹤手之前的传来品，具有宋瓷风格的凛然气度。轻薄淡雅，内侧有花瓣的纹理，外侧没有多余的图案，小小的高台有力地承托住碗体，整体发色完美，花瓣间与碗底那一圈小小的翠绿仿若翡翠，让人着迷。

尺寸 | 高5.9厘米，口径17.3厘米，高台径4.7厘米

中兴名物有来新兵卫所持之物，故称"有来"。
亦有认为此乃楚白茶碗之说，但从其碗形、高
台和釉色看来，更像是坚手茶碗。坚手茶碗是
高丽茶碗的一种，李朝初期至中期在金海窑所
烧制，因其材质与釉彩呈现出来的坚硬质感，
故称坚手茶碗。此坚手茶碗外形是匀称的井户
形，质地坚硬且紧密，总体是灰白色，有青色
交织于其中，小小的雨漏斑点随意地散布其上，
构成了一幅美景。

尺　寸｜高7~7.2厘米，口径14.3~14.9厘米，高台径
　　　　5.4厘米，同高0.9厘米，重290克
附属物｜内箱：桐白木，书付小堀十左卫门笔，盖里
　　　　贴纸书付土屋相模守笔
　　　　外箱：桐白木，书付松平伊贺守笔
传　来｜有来新兵卫—土屋相模守—松平伊贺守—
　　　　江户十人众河村左卫门—马越化生

三島平茶碗「历手」

朝鲜·十六世纪

据传为松平法庵老之子阿波大人的遗物。根据《利休百会式》《南都松屋茶会记》的记载，"三岛"之称在天正十四年（1586）就已出现，但其名之由来却众说纷纭。通常认为因其纹样与伊豆国三岛明神（现为三岛大社）发行的木版印刷历文相似，故称之为"三岛"。

尺寸 | 高6.4厘米，口径18.8厘米，高台径5.5厘米

根据《绵考辑录》忠兴谱的记载，与其同名的茶碗另有两枚，但在宽文八年（1668）的火灾中被烧毁。此大高丽茶碗为细川三斋忠兴遗爱之物，从中得以窥见战国时代武士的喜好。内箱上的"大高丽"三字为细川三斋亲笔。外箱为拭漆桐木漆器，包布为花唐草纹印花布，外箱与包布皆为延享四年（1747）八月制作。

尺寸｜高9.5厘米，口径17.8厘米，高台径6.7厘米

绘高丽梅钵茶碗

根津美术馆藏品

所谓的高丽茶碗，是指朝鲜半岛李朝时代烧制的茶碗，但根据当今的陶瓷学研究显示，其中的绘高丽梅钵茶碗实际上是中国磁州窑的出品，但由于自古以来的称呼，今日我们仍将其称之为绘高丽梅钵茶碗。明朝末期，中国磁州窑盛产有梅花点纹图案的器皿，其曼妙的形姿令日本茶人倾慕不已。有二重釉的作品，也有三重釉的作品，或底色为白，或底色为青。

尺　寸｜高4.7厘米，口径16厘米，高台径6.4厘米，
　　　　同高0.5厘米，重290克
附属物｜箱：桐白木

中国磁州窑出品，日本称为绘高丽梅钵茶碗，在中国则称之为磁州彭城窑梅花纹瓷器，因有梅花点图案而得名。碗底有一圈形如蛇眼的无釉层，即"蛇目釉剥"，在日本茶道家看来，蛇目为绘高丽茶碗的一大特色。

尺　寸｜高4.9厘米，口径16.3厘米，高台径6.3厘米，
　　　　同高0.5厘米，重311克
附属物｜箱：桑，彫铭绿青
　　　　被覆：绀地纵缟间道
　　　　包地：赤地更纱

该茶碗的仕服为唐草纹锦，箱盒为桐木所制。茶碗的内侧和外侧都有夏日群山的纹样，无论此纹样是人工抑或偶然，都让人倍感清风拂面，清爽愉悦。

尺寸 ｜ 高7.2厘米，口径14.5厘米，高台径5.7厘米

据传利休或织部去往高丽定制茶碗的时候将其作为样品。箱上有"養卜下绘"字样，在深川亲和的《茶入茶碗写真》中也记载着"朝鲜云鹤 養卜下绘"，"下绘"为绘图之意，但"養卜"为何地之何人不得而知。

尺寸 | 高10.9厘米，口径9.5厘米

井户茶碗「有乐井户」

东京国立博物馆藏品

大名物。在诸多大井户茶碗中这是最为静谧的一个。通体遍布细小的"小贯入"裂纹，腰以上是精致的枇杷色釉，腰以下至高台附近则是粗糙的梅花皮，上下形成了绝妙的对比。所谓的梅花皮，是指高台附近留积的厚釉发生的一种釉变的部分，是井户茶碗的"茶情"所在。

尺　寸｜高9~9.2厘米，口径15.1厘米，高台径5.4厘米，
　　　　同高1.5厘米，重450克
附属物｜内箱：黑涂、金银粉字形·书付英—碟笔
　　　　外箱：春庆涂
传　来｜织田有乐—纪国屋文左卫门—仙波太郎左卫
　　　　门—伊集院兼常—松勇耳庵

152

东京国立博物馆藏品

大名物。大文字屋疋田宗观的所有物，所以亦名"大文字屋筒"，是高丽时代末期朝鲜制造的镶嵌青瓷作品。这个茶碗因描绘了鹤而被称为云鹤碗，为与后来描绘立鹤的茶碗区别开来，故称为"古云鹤"。此"疋田筒"茶碗与另一名物"挽木鞘"筒型茶碗一样，都是珍稀的遗品。

尺　寸｜高7.7厘米，口径8.5厘米，高台径5.9厘米，
　　　　同高0.7厘米，重220克
附属物｜添书附—三
传　来｜疋田宗观—若州酒井家

御菩萨烧 枝栗绘茶碗

江户初期

御菩萨烧是京烧的一种，因在京都御菩萨池附近烧制而得名，具体的系谱不得而知。盖有"御菩萨烧"之印的作品很多，其中就包括幕末陶工云林院文造（八代宝山）的作品。与古清水烧和栗田烧相似，御菩萨烧很多都是在鸡蛋色的底色上绘制精致的彩色图画。此茶碗轻且薄，在高台内有"御菩萨池"之印，是具有京烧独特风格的茶杯。碗形质朴却不乏巧思，蓝、绿和金色绘制的栗子树图案精致而不刻意。

尺寸 | 高6.1厘米，口径10.8厘米

滴翠美术馆藏品

154

凤林和尚记载的《隔冥记》是了解江户初期京烧不可或缺的文献，书中在宽文四年（1664）一章中，记载了"修学院烧"。现存的修学院烧数量稀少，并且没有落款，这使得鉴定工作变得相当困难。该茶碗是通过盒上印有"修学院烧切形茶碗"，才得以确定其乃修学院烧。修学院烧是后水尾院在修学院的离宫建窑烧制的御庭烧。后水尾院倾心于金森宗和的茶道，后水尾院之弟常修院宫及其子常修后西院等等都是仁清陶的爱好者，故修学院烧是与"宗和—仁清"的历史脉络一脉相承的。

尺寸｜高 6.7 厘米，口径 12.3 厘米

黑乐茶碗 铭「乙御前」

江户初期

根据细川家作为正史编纂的《绵考辑录》中的记载，此茶碗为细川三斋托乐烧创始人乐长次郎所烧制。"乙御前"即日本狂言中的阿多福面，据传该名为千宗旦所起。内箱上有七代宗亲的墨书"乙御前"，中箱上有黑金漆书"乙御前"，外箱为拭漆桐木漆器。

尺寸│高8.2厘米，口径10.8厘米，高台径5厘米

箱盖上有"乐宗入"字样及"乐"之印，箱盖里侧有"柏原所持"之墨书。乐宗入为乐家五代目，是四代乐一入的婿养子。深受初代乐长次郎的风格所感染，不审庵、残月亭上的鬼瓦即是出自其手。在深川亲和于宝历年间绘制的《茶入茶碗写真》中并没有关于此茶碗的记录，应为细川家九代目之后入手。

尺寸 ｜ 高 8.2 厘米，口径 12.1 厘米，高台径 5.7 厘米

能古（nonkou）作平茶碗，因其釉色而被命名
为"蓟"。碗沿形似一条高低蜿蜒的山道，碗身
为利休喜爱的马盥形。在赤土的陶坯之上施以
失透釉，所谓的失透釉是指一种特殊的釉料，
其中含有较高的硅酸，在冷却的过程中会析出
成为白色的微小结晶，在碗身上无序漂浮的一
颗颗白色微小颗粒正是典型的釉失透现象。采
用了片身替的烧制法，所谓片身替即是陶器的
两半采用不同的烧制方法或在陶器的两半施以
不同的釉彩，最终形成上下或左右相异的色彩。

尺　寸丨高5.9~6.3厘米，口径14.6厘米，高台径6.2
　　　　厘米，同高0.8厘米，重395克
附属物丨内箱：桐白木，认得斋宗室签名笺，盖里
　　　　内付竺叟宗室签名笺
　　　　外箱：杉柜，盖里内附玄玄斋宗室签名笺
传　来丨仙叟宗室—里千家

乐家第三代传人乐道入之作。道入别名"能古",能古提升了乐烧的釉彩技法,此茶碗为能古七作之首。因为外形像正方形的量筒,所以命名为"升"。茶碗本体很薄,开口微微内收,厚厚地施以一层道入独创的玉虫釉,呈现为具有光泽感的黑色漆面。从碗口至胴处施以宛如垂幕的幕釉,其间透出形如远山的黄釉,形成了一幅壮丽的风景。白色的陶胎隐约可见,这样的制作方法称之为"土见"(露胎),乐茶碗采用"土见"技法据说是从能古开始,是能古的特色之一。露胎的高台薄薄地施上一层水釉,内有乐印。

尺　寸 | 高7.6厘米,口径11.2~11.8厘米,高台径5.4
　　　　厘米,同高0.8厘米,重320克
附属物 | 箱:桐白木,盖里书付觉觉斋原叟笔
传　来 | 大阪绀屋—赤星家—大阪矶野良吉

白乐茶碗 铭「不二山」

江户初期

本阿弥光悦第一名作，与志野烧"卯花墙"一同被认定为日本茶陶两大国宝，是和物茶碗的代表作。据传光悦的女儿出嫁时，将其收至振袖的片袖里，因此亦称其为"振袖茶碗"。茶碗的造型利落庄重，整体被淋上白釉，而茶碗的下半部分由于偶发的窑变而呈现出灰黑渐变混杂的色彩，纷繁变化的釉彩所呈现的风景让人联想到覆盖着白雪的富士山，又因其乃不可复制的杰作，故名"不二山"（富士山与不二山发音相同）。

尺　寸｜高 8.5 厘米，口径 11.6 厘米，高台径 5.4 厘米，
　　　　同高 0.5 厘米
附属物｜内箱：桐白木，书付本阿弥光悦笔印；
　　　　转让书；证文
传　来｜本阿弥光悦—比喜多家—酒井雅乐头忠学

该茶碗是仁清作品中十分杰出的一个，如梦似幻般的新月和海浪彰显了仁清作为陶艺设计师的卓越之处。仁清制作陶器时使用轮盘，通过精巧地操作使陶器完美成型，再施之以典雅的色彩，其作品有着飒爽利落的造型和充满智趣的装饰。轮盘的精妙运用使其外形轻薄匀称。在白胚上直接绘制的手法备现典雅风趣。相互击打的波浪及其正上方那轮大得超乎常理的新月，超现实的融合令人惊叹，过目不忘。

东京国立博物馆藏品

尺寸｜高8.8~9.3厘米，口径11.8~12.7厘米，高台径 4.7厘米，同高0.5厘米，重275克

黄
濑
户
茶
碗

铭
「
难
波
」

该茶碗的碗口边缘微微向外张开，略微收紧后
又在碗腰处弛放，整体轮廓松弛有度，令人着
迷。碗的腰部被一条细细的带状物围绕，其上
用线条雕刻出唐草风格的花纹，并采用胆矾绿
釉为其上色。茶碗内部有胆矾绿釉渗透的痕迹，
这是黄濑户茶碗特有的胆矾渗透特征。此茶碗
原为怀石宴席用的餐具，何时被用作茶碗的不
得而知，当时的茶人对器物自由自如地运用令
人钦佩。

尺　寸｜高7.1厘米，口径11.9厘米，高台径8厘米，
　　　　同高0.6厘米，重310克
附属物｜箱：桐杉继合书付；
　　　　　　目利书：池岛立佐笔
传　来｜益田钝翁

162

名物。因其豪放的姿态让人联想到勇猛武将朝
比奈义秀，故名"朝比奈"。事实上不论是在利
休时代抑或织部时代，黄濑户几乎没有出产茶
碗，如今被尊为黄濑户茶碗的多是从怀石料理
的食器转化而来。此茶碗是唯一一个作为茶碗
被制作出来的，所以倍显珍贵。因其碗身淡雅
的黄色能够与抹茶的绿色完美融合，故备受千
宗旦的喜爱。

尺　寸｜高8.5~8.8厘米，口径12.5~13厘米，高台径
　　　　6厘米，同高0.5厘米，重405克
附属物｜箱：桐白木，书付千宗旦笔；添状
传　来｜表千家—啐啄斋宗左—京都三井家

绘唐津芦鹭绘茶碗

唐津茶碗有两种，一种是原为普通器皿而后才
升格为茶器的，一种是自始就是作为茶器被制
造的。此绘唐津芦鹭绘茶碗应为后者，但从其
碗沿和图案等细节来看亦有可能本为茶怀石用
的小钵。在今天看来，其大小足够充当茶碗，
而且有图画的唐津茶碗为数不多，十分珍贵。
其上的图画采用的是铁绘的技法，所谓的铁绘
就是用含铁的颜料在釉面上绘制图案的技术，
是志野烧、织部陶、唐津烧等常用的装饰技法。
在碗的另一侧画有芦苇。是一个笨拙有趣、令
人爱不释手的茶碗。

尺寸丨高8.4~8.9厘米，口径13.5~14.6厘米，高台径
6厘米，同高0.8厘米，重545克

瓮屋谷窑的作品。所谓的绘唐津茶碗，有许多原为普通器皿，后升为茶器，而这个茶碗是原本就作为抹茶茶碗被制造出来的，其宽厚的碗沿让人联想起高丽的熊川茶碗，威风飒爽。若不是采用了铁绘的技法，其与奥高丽的风格有几分相似。碗身上的竖纹，被认为是木贼草的图案，但若是仔细观察每一道线条，也可以理解为是一种抽象化的草书。虽然看起来只是一个毫无修饰的朴素茶碗，但其中却蕴藏着无限的韵味。

尺寸丨高8.9厘米，口径12.4~12.6厘米

萩茶碗「雪狮子」

笔洗形状，但并非笔洗，而是作为茶碗被制作的，与名物"田子浦"属于同类作品。在萩烧特有的枇杷色中掺入白釉，呈现美丽的茶色，就像披着雪的狮子，故称雪狮子。萩烧所追求的"土味"在茶碗的高台一带展现得淋漓尽致，又与精致的樱花形高台形成微妙的对比，从茶道家的鉴赏角度来说尤为珍贵。

尺　寸｜高7.8~8.4厘米，口径11.5~12.7厘米，高台径
　　　　5.1厘米，同高0.8厘米，重320克
附属物｜箱：桐白木，书付了了斋宗左笔
传　来｜纪州德川家

166

古田织部是利休的高徒,是利休之后的天下第一茶人。织部的"茶"和利休完全相反,利休偏好内敛沉稳、引人深思的茶器,织部则偏好粗犷巨大、动感十足的器物。将此织部沓茶碗与初期的乐茶碗进行比较,就能看出织部与利休的一动一静区别。所谓沓形是指不规则的椭圆形,因形似神官的鞋履而称之为沓形。此织部沓茶碗,以在表面刮去部分黑釉的方式来绘制花纹,烧制出来的带有花纹的织部茶碗称为"黑织部",没有花纹的则称之为"织部黑"。

尺　寸｜高 7.3~7.6 厘米,口径 9~13.5 厘米,高台径
　　　　4.7~5.3 厘米,同高 0.8 厘米,重 475 克
附属物｜箱:桐白木,书付本阿弥空中笔

此茶碗代表了典型的织部风格。外形为沓形，
其豁达大胆的造型配上"松风"之名，别具雅
趣。亦有说其本为怀石料理用的小钵，在桃山
时代后半期至江户初期，有许多优秀的小钵类
食器被选为茶器，因此该茶碗原为食器之说未
必错谬。

尺　寸｜高7.3~8.3厘米，口径10.2~15.5厘米，胴径
　　　　12.6~14.2厘米，高台径6.7厘米，同高0.9厘米，
　　　　重500克
附属物｜箱：桐白木，书付小堀十左卫门笔

日本茶道发展初期推崇来自中国唐朝的天目和青瓷，侘茶诞生之后，人们更为偏好高丽茶碗。在侘茶的发展期，乐茶碗又将利休的美学发挥得淋漓尽致。而活跃于动乱的桃山时期的武将茶人古田织部，成为继千利休之后天下第一的茶匠。古田织部的作品充满活力，或描绘异域风情，或呈现写生风格，抑或是效仿几何图形，种类繁多。该作品加入了近代工艺美术的元素，黑白交织的异形茶碗，体现了近代意匠的崭新审美，象征着桃山时代末期对理想之"茶"的追求。

志野茶碗 铭「牛若」

碗口的山形线条十分柔和，细腻白柔的柚子肌令人爱不释手，是一个端庄明朗的茶碗。一面是桥和水车，另一面是三个山形的三角形，或许是因为让人联想到五条大桥，故名"牛若"（源义经的幼名）。采用的是志野烧常用的铁绘技法，但其独特之处在于红色的釉彩之中夹有一丝寂静清冷的紫色。

尺　寸｜高7.4~7.8厘米，口径12.2~12.4厘米，高台径
　　　　6.3厘米，同高0.7厘米，重445克
附属物｜箱：桐白木，盖里书付益田钝翁笔
传　来｜藤田家

所谓的鼠志野，即呈鼠灰色的志野烧，是用黏土和褐铁矿混合而成的泥浆披挂在白胚上，于其上刻划纹饰，挂志野釉烧制后呈现透明的鼠灰色，透出仿若镶嵌的白色纹理。据传是在美浓大萱的窑下窑（岐阜县惠那町）烧制。"山之端"是与"峰红叶""桧垣""横云"同系列的茶碗，该系列的共同特点是通过精妙的手法表现"侘"的气息。在箱盖上印有《玉叶集》的和歌："五月雨渐停，山端云薄兮。"

尺　寸｜高 8.2~8.7 厘米，口径 13.7~14 厘米，高台径
　　　　5.7 厘米，同高 1.2 厘米，重 557 克
附属物｜箱：桐白木，贴纸书付，盖里书付
传　来｜根津青山

171

志野茶碗　铭「朝萩」

云州名物。陶坯用志野烧专用的艾土制成，刻划于腰部那道深线仿若山间的道路，用红色的含铁颜料描绘出一幅萩与远山的画面，故名"朝萩"。志野茶碗均具有很强烈的"茶意"，尺寸较大，但并不给人庞重之感，而是彰显了其非凡的造型力，此茶碗很好地代表了志野茶碗的这些特点。

尺寸｜高8.8厘米，口径12~12.6厘米，胴径12.6厘米，
　　　高台径5.7~5.9厘米，同高0.7厘米，重510克
传来｜京都樋口家—松平不昧—团琢磨

出云烧茶碗　铭「大社」

江户初期

此茶碗为经典的出云烧作品。出云烧包括乐山烧和布志名等烧，此为乐山烧，其创始人为初代藩主松平直政，据传于庆安时代开窑，但被称颂为"乐山烧"要到延宝五年（1677）之后。在深川亲和在宝历年间绘制的《茶入茶碗写真》中有关于此茶碗的记载，称其为"出云大社"。

尺寸 | 高9.3厘米，口径13.8厘米，高台径5.5厘米

唐物茶入「利休尻膨」

中国·宋代

仅知为唐物，但不知产自何地。茶入是指用于盛放茶粉的罐子。此茶入有着圆肩膨腰之外形，原为利休所持，后细川三斋因在关原之战表现活跃而从德川家康处领赏此物，箱上的"利休尻膨"为三斋所写。三套仕服分别为：（一）上代岛汉东；（二）丝绢；（三）中古岛汉东。

尺寸｜高6.6厘米，径2.6厘米，胴径6.7厘米，糸底径 2.8厘米

由于是古唐津，所以由来不详。箱盒为紫檀木所制，没有仕服。唐津烧是佐贺县唐津地方出产陶瓷器的总称，古唐津顾名思义是唐津烧的早期出品，古唐津最为有名的是米量、根拔、奥高丽三种，另有濑户唐津、绘唐津、朝鲜唐津、掘出唐津等名物。

尺寸｜高8厘米，径3.8厘米，底径4.2厘米

古濑户茶入　铭「出云肩冲」

室町时代

肩冲是一种茶入的造型，出云肩冲之名来自其原为金森出云守的秘藏品，深得细川三斋所好，其后传给三代目细川忠利，细川忠利传给四代目细川光尚，光尚将此"出云肩冲"茶入与利休赠与三斋的名物"挽木鞘"茶碗一起赠与了堀田加贺守，在细川五代目纲利时回归细川家，内箱上有六代目细川宣纪笔书。此茶入配有三个替换盖和八套仕服：（一）古金襕；（二）袱纱；（三）烧切时代；（四）汉东；（五）古金襕；（六）大内相；（七）蝶切；（八）萌黄地金襕。

尺寸｜高8.2厘米，径3.2厘米，底3.8厘米

176

此古濑户茶入为春庆山樱茶入。春庆是尾张国
濑户窑的创始人，全名加藤藤四郎左卫门景正，
剃度后号春庆。春庆此作威严而精致，其形姿
与漆釉的表现均不逊于唐物。仕服有三：（一）
稻妻继文；（二）笹蔓缎子；（三）菊宝尽文缎子。

尺寸 | 高8.5厘米，径2.8厘米，糸底径4厘米

唐物茶入「青江手」

中国·宋代

此茶入并非铭为"青江"。据传小堀远州的臣子胜田氏将其献给小堀远州，远州喜出望外，为其取名为"泷浪"并赏赐胜田氏一把名为"青江"的备刀，故此茶入被称之为"青江手"。上半部为黑色，下半部为浓柿色，仕服有二：（一）花丸纹金襕；（二）绀地牡丹唐草金襕。

尺寸｜高8.9厘米，径3.5厘米，底径4.8厘米

"玉堂手"乃唐物肩冲茶入，因其本为山口龙福寺住持玉堂和尚所持，故称玉堂手。玉堂和尚后成为大德寺第九十二代住持。此茶入曾流转于将军家与浅野家，丰臣秀吉、浅野长政、德川家康、浅野长晟、德川家光都曾持有之，于元禄十三年（1700）为永户家所持。

尺寸｜高6.5厘米，径2.8厘米，糸底径2.8厘米

179

細川三斎作　茶杓　黒鶴写

江户初期

茶杓为从茶入中取茶的用具。外包布为鸣海绞，茶杓全长17.4厘米，櫂先巾0.9厘米，中节巾0.5厘米，节下9厘米，切止巾0.4厘米。利休曾作名为黑鹤的茶杓，此为三斋的模仿作。三斋制作的黑鹤写共有八根，赠与了慈法院等八人，其中一根后来回到细川家。

細川重賢作　茶杓　銘「銀河」

江戸中期

细川重贤为细川家的八代目，熊本藩六代藩主，实行了一系列改革以重振熊本藩，是为一代明主。茶杓全长17.9厘米，节下10.3厘米，櫂先1.9厘米，櫂先巾0.9厘米，中节巾0.55厘米，切止巾0.5厘米。筒上书"银河"，在筒盖连接处有一处墨痕，筒袋为蜀江锦。

南蛮水指「利休芋头」

十六世纪

水指是用来盛放干净的水的容器。该水指形似芋头，故称利休芋头（日语中芋头与茶道用的盛水罐同音），为利休的爱用品。在《南坊录》第二卷的利休茶汤日记中，三月三十一日的条目中记载着利休在招待大友义统时使用了此水指。

尺寸｜高20.2厘米，径21厘米

此鬼桶为日本六大古窑之一的信乐出品（另五个是濑户、常滑、丹波、备前、越前）。鬼桶是指无盖的大口桶，原为放置日用杂物的用具，后被茶道转用作水指。此鬼桶朴素粗鄙，承载着侘茶之心，是"侘"的象征。

尺寸｜高15厘米，径21厘米

松竹梅芦屋釜

室町末期

茶釜是指茶事中用来烧水的壶，日本的芦屋和
天明为最重要的茶釜产地。此为芦屋釜，因其
上有松竹梅图案故称松竹梅芦屋釜。底部有修
理痕迹，拉环处为狮子头造型。

尺寸｜高17.5厘米，径13.2厘米，胴径25厘米，
　　　盖径13.5厘米

四方釜　铭「苫屋」

江户初期

苫屋是指茅草盖顶的简陋房屋，釜身上的文字
是藤原定家的和歌："放眼环望处，春华红叶
无。秋景暮色下，唯有浦苫屋。"此茶釜在《绵
考辑录》第二十七卷中有所记载。

尺寸 | 高22.6厘米，径16厘米，口径15.3厘米，
　　　盖径15.1厘米

185

竹二重切花入 千利休作

桃山时代

花入是日本花道中的一种插花器，二重切花入
是一种两段式的插花器。二重切花入的创制者
为利休，天正十八年（1590），利休制作了首个
二重切花入"夜长"。此竹二重切花入为利休制
作的花入中最为坚固的一个，透过它仿佛能看
到利休面对秀吉的威胁悠然转身的那悲壮无敌
的姿态。

尺寸 | 高39.3厘米，径12.8厘米

竹二重切花入　细川三斋作

江户初期

由此花入得以窥见三斋之豪放刚毅毫不逊于利休。与远州的作品比起来，利休和三斋的花入更显血气方刚。制作竹花入的要点首先是素材的选择，在找到心仪的素材之前毫不吝惜地舍弃不合适的素材，是制作一个上品花入的秘诀。

尺寸｜高50.8厘米，径11.5厘米

187

竹一重切花入 千利休作

桃山时代

在永青文库中珍藏着四个据传为利休所作的竹花入，无一不是威严端庄且刚毅豪放之作。此一重切花入亦是如此，与其他制作者作品的轻快感不同，其富有力量感的沉稳风范彰显了利休的高尚品格。

尺寸｜高31.6厘米，径12.6厘米

与三斋和利休的作品不同，远州的作品呈现出
一种悠哉懒散之感。三斋是年少出阵身经百战
的勇士，利休是面对一统天下的秀吉也绝不退
让的豪胆之士。利休自刎时远州只有十三岁，
也即所谓的"战后派"。此竹一重切花入展现了
小堀远州由内而外散发出来的文化人气质。

尺寸｜高30.9厘米，径7.4厘米

茶室图

茶室只不过是一间小屋，正如我们所称呼的"茅屋"。茶室又名数奇家（すきや），原义是"喜爱之屋"（好き家）。到了后来，各种各样的大师根据自己对茶室的看法置换了形形色色的汉字，于是有了"空之屋"（空き家），或者"不对称之屋"（数奇家）等名称。由于它是满足诗意冲动的临时的屋子，所以把它叫作"喜爱之屋"；由于它除去满足暂时的审美需要的装饰以外，其他装饰一概不用，所以把它叫作"空之屋"；由于它表现了对不完美的崇拜，故意留下一些未完成的地方而给人们想象的余地，所以把它叫作"不对称之屋"。

同仁斋

京都市左京区银阁寺町慈照寺

创建时代　文明十五年
样　　式　书院式
建造者　足利义政
面　　积　四叠半

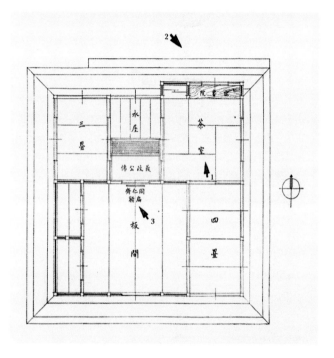

　　文明十五年（1483）六月二十七日，足利义政的持佛堂建成，名为东求堂。在大典禅寺的《慈照寺记》中，记载着"有东求堂取檀经语名之，乃修净业所，安西方三尊焉，其背方丈之室为设茶所"。东求堂朝北的书院被用作茶室。在《荫凉轩日录》文明十八年（1486）正月二十日的内容中写道："御持佛堂南面南北三间半，御书院在北，御床间在西也。"同仁斋被称为四叠半茶室的起源，对后世而言可谓是"数奇家"之始祖。

1 同仁斎内部

3 同仁斎匾額

2 同仁斎背面

八窗庵

东京市麻布区内田山井上侯爵公馆

创建时代　东山时代（15世纪末）
样　　式　草庵式
建造者　　武野绍鸥
面　　积　四叠半

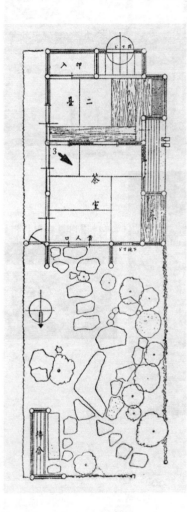

　　此茶室因有八扇窗故被称为八窗庵，建造时期不详，原建于奈良东大寺四圣坊，明治维新后该茶室被迁移到了正仓院内，之后由井上侯爵保存至今。据传八窗庵是备受茶祖珠光喜爱的茶席，过去敕使莅临正仓院用茶时必选这间茶室。该茶室留存了贵人席数奇家的古风古韵，在数奇家建筑史上有着重要的地位。虽隐约可见后世的修补痕迹，从中仍能窥见东山时代末关于建筑的奇思妙想。

1 八窗庵外观

2 八窗庵炉先

3 八窗之席

昨 梦 轩

京都市紫野大德寺黄梅院内

创建时代　永禄元年
样　　式　围式
建 造 者　武野绍鸥
面　　积　四叠半

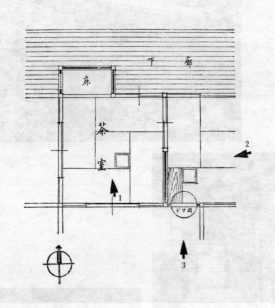

　　据传由千利休的老师武野绍鸥在永禄元年（1558）建立，是武野绍鸥的茶室代表作。在建成当年的十二月三十一日，武野绍鸥去世，时年五十三。昨梦轩原本是黄梅院东南边的一座独立建筑，后在修建书院自休斋时，昨梦轩被移筑到书院的旁侧。

1 昨梦轩（1）

2 昨梦轩（2）

3 昨梦轩（2）圆窗

待 庵

京都府乙训郡大山崎妙喜庵内

创建时代	天正年间
样　式	草庵式
建 造 者	千利休
面　积	二叠

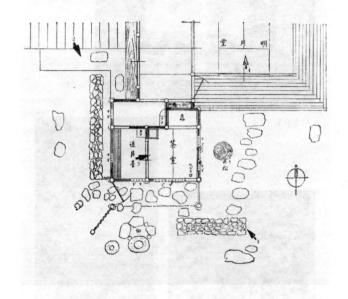

　　妙喜庵在文明年间（1469-1487）由后土御门天皇建立，是山崎宗鉴闲居的地方。天正十年（1582）羽柴秀吉与明智光秀在山崎展开决战之时曾在妙喜庵停驻，千利休在此庵内搭建了茶室。据传秀吉将此茶室命名为待庵，秀吉与利休的诸多故事在此展开。此外，与茶室相连的明月堂是在足利末期建立，明月堂与待庵都是国宝级建筑物。待庵自天正以来一直保留着原有的形态，位置与造型都没有变化，是如今被称为数奇家的诸建筑中最古老的一所。

1 待庵外观

2 待庵外观

3 待庵内部

4 明月堂

飞云阁茶席忆昔亭

京都市堀川西本愿寺内

创建时代	天正年间
样　式	书院式草庵
建造者	丰臣秀吉
面　积	三叠

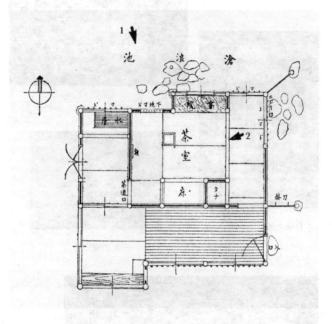

　　天正十五年（1587），秀吉在京都内野修建的城郭式宅邸"聚乐第"完工，文禄四年（1595）聚乐第被拆毁，前后存续时间仅八年。飞云阁据传为聚乐第的遗留构筑物，元和元年（1615）被移建到西本愿寺的滴翠园，与金阁（鹿苑寺）、银阁（慈照寺）并称"京都三阁"。忆昔亭建在庭阁东边的水道旁，临沧浪池，是高雅奇巧的桃山时代建筑的代表。

1 忆昔亭北面外观

2 忆昔亭内部

3 飞云阁北面立面图
（左边为忆昔亭）

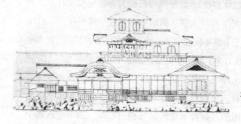

湘南亭

京都右京区松尾

创建时代	天正年间
样 式	柿葺四注合栋数奇家
建造者	千少庵
面 积	四叠台目

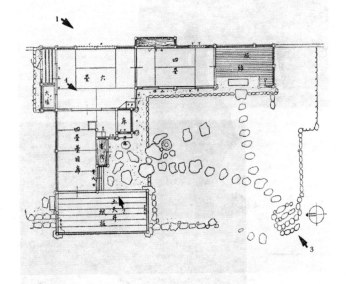

历应年间（1338-1342），梦窗国师在西芳寺修整堂舍林泉，并在寺内筑造了湘南亭和谭北亭、琉璃殿等景观。应长年间（1311-1312），千利休继子千少庵将湘南亭改造为茶席风格的茶室。湘南亭在元禄年间（1688-1704）经历了补修，嘉永年间（1848-1855）龙岩和尚对其屋顶的瓦片进行了改造。大正八年（1919），湘南亭又经历了一次大型补修，现为国宝级建筑物。湘南亭的建筑风格十分独特，倍显幽雅闲静。数奇家建筑讲究别出心裁，湘南亭就属于其中的佼佼者，例如其土质天井看似平平无奇，实则匠心独运。

1 湘南亭东面外观

3 湘南亭西南面外观

2 湘南亭贵人口

4 湘南亭内部

Hu'an *publications*®

项目统筹 _ 唐 奂

产品策划 _ 景 雁

责任编辑 _ 孙志文

特约编辑 _ 虞桑玲 廖小芳

营销编辑 _ 戴 翔 刘焕亭

封面设计 _ 尚燕平

美术编辑 _ 王柿原 崔 玥

责任印制 _ 朝霞午昼

🐦 @huan404

📷 湖岸 Huan

www.huan404.com

联系电话 _ 010-87923806

投稿邮箱 _ info@huan404.com

感谢您选择一本湖岸的书
欢迎关注"湖岸"微信公众号